典型情景渤、黄、东海月平均水温及生态要素图集

江文胜　赵　亮　史　洁　毛新燕　杨　波　编著

U0336615

中国海洋大学出版社

· 青岛 ·

图书在版编目（CIP）数据

典型情景渤、黄、东海月平均水温及生态要素图集 / 江文胜等编
著. —青岛：中国海洋大学出版社, 2014.8
ISBN 978-7-5670-0742-0

Ⅰ. ①典… Ⅱ. ①江… Ⅲ. ①海水温度—中国—图集 ②海水—
生态因素—中国—图集 Ⅳ.①P731.11-64 ②Q142-64

中国版本图书馆 CIP 数据核字 (2014) 第 202952 号

出版发行	中国海洋大学出版社		
社　　址	青岛市香港东路 23 号	邮　编	266071
出 版 人	杨立敏		
网　　址	http://www.ouc-press.com/		
电子信箱	book@ouc.edu.cn		
订购电话	0532-82032573 (传真)		
责任编辑	冯广明	电　话	0532-85902469
印　　制	青岛海蓝印刷有限责任公司		
版　　次	2014 年 8 月第 1 版		
印　　次	2014 年 8 月第 1 次印刷		
成品尺寸	210 mm×285 mm		
印　　张	8.5		
字　　数	320 千字		
定　　价	98.00 元		

前　　言

　　陆架海是国家及地区经济社会发展的重要支持系统之一。在科技部 973 计划项目"我国陆架海生态环境演变过程、机制及未来变化趋势预测"的资助下，项目第四课题开展了渤、黄、东海生态环境演变规律与驱动机制的研究。课题组以该海域的生态环境现状为基准，分别从气候变化和人类活动两方面，构建了多个典型情景，模拟得到"我国陆架海生态环境演变机制综合分析"及"我国陆架海生态环境未来变化趋势预测"数据集，包含温度、盐度、营养盐、叶绿素 a 浓度等多个水文、化学、生态要素。

　　为了服务更广大的用户，方便更多的人了解和使用这套高分辨率水文、化学、生态数据集，课题组按照标准图集的制作要求选取代表性要素制作了本图集。图集直观反映了渤、黄、东海在不同时期的水文及生态要素分布特征。书中对生态环境演变典型情景的构建与图片内容作了详细说明。本书可为从事海洋环境、海洋水产、海洋管理以及其他海洋科学技术研究方面工作的人员提供参考。

　　本图集的研究工作主要由科技部 973 计划项目"我国陆架海生态环境演变过程、机制及未来变化趋势预测"第四课题(2010CB428904)资助，模型动力部分由日本爱媛大学郭新宇教授提供，图集绘制工作由全祺、贾守伟、张静华、朱君莹完成，图集文字修编与图片校对工作得到项目组多个成员的建议和帮助，出版工作得到了中国海洋大学出版社的大力支持，在此一并致以衷心的感谢！对图集中存在的不足，热诚希望读者给予批评指正。

编　者

2014 年 7 月 18 日

目　　录

图 集 说 明

本图集的编制基于"我国陆架海生态环境演变机制综合分析"及"我国陆架海生态环境未来变化趋势预测"数据集。下面从"生态环境演变典型情景构建"与"图片解释"两个方面进行详细说明。

1 生态环境演变典型情景构建

1.1 构建出发点

本课题针对项目提出的关键科学问题——"气候变化和人类活动对我国陆架海生态环境影响的区分"和"我国陆架海生态环境变化机制的模型量化与未来趋势预测",以我国陆架海生态环境的现状为基准,分别从气候变化和人类活动两方面,构建了多个典型情景,包括当前气候条件下陆架海生态环境的平均状态(现代情景),全新世大暖期陆架海物理环境状态(过去情景),在 IPCC 第五次报告中 RCP4.5 预测路径下我国陆架海物理环境状态(未来情景),以及长江冲淡水对长江口附近海域生态环境影响的两个情景。

1.2 现代情景

现代情景的模拟采用的是水动力-生态耦合模型,即模型中包括水动力模块和生态模块。水动力模块采用的是 POM(Princeton Ocean Model)数值模型[1,2,3],生态模块是以 NORWECOM[4,5]的生态部分为基础在黄东海进行了重建[6]。

模型在水平方向上采用 C 网格,垂直方向上采用 σ 坐标,计算区域为 117.5°E～131.5°E,24°N～41°N,包括渤海、黄海、东海海域,开边界设置在模型区域的北边界、东边界和南边界。水平网格分辨率为 1°/18,垂直方向上分为 21 个不等间距 σ 层,在海表和海底采用较细的分辨率。模型外模和内模的时间步长分别为 6 s 和 360 s。水动力模式运行 10 年达到稳态后,运行水动力-生态耦合模式 3 年,将第 3 年的结果用来分析。

区域水深场采用的是 1′×1′的高分辨率数据集[7],并根据遥感图像更新黄河口附近海域水深,为减小 σ 坐标下的压强梯度误差,模型中对水深数据进行了平滑处理。

水动力模型外强迫包括海面风应力、热盐通量、河流输入、开边界潮流和环流,外强迫数据均为月均数据,在运算中插值到每个步长时刻。风应力采用(ERS-1/2)1991～2000 年的气候态月平均风应力①,热、盐通量由 Haney 公式给出[8],其对应的松弛系数分别为 35 W·m⁻²·K⁻¹、10 m·month⁻¹。模型中包括了 10 条河流——长江、鸭绿江、黄河、辽河、滦河、海河、淮河、钱塘江、闽江和汉江,河流径

---

① http://www.ifremer.fr/cersat

流量来自渤、黄、东海水文图集[9]。开边界潮流根据 NAO.99b[3] 给出的四个主要分潮（M_2、S_2、K_1 和 O_1）潮流叠加得到。水动力场开边界条件及初始条件由应用于东中国海的三重嵌套 POM 模型结果给出[10, 11]。

　　生态模块中的生物过程，涉及三种营养盐，包括溶解无机氮（DIN）、溶解无机磷（DIP）、硅酸盐（SIL）；两种浮游植物——硅藻（DIA）和甲藻（FLA）；以及两种有机物——有机物碎屑（DET）和生物硅（SIS）。营养盐的初始条件由 WOA[12] 和文献[13]给出。其他要素的初始条件及开边界条件主要从 WOA2005[12, 14] 及渤、黄、东海海洋图集[15]中获得。河流中营养盐浓度、营养盐的大气干湿沉降来自于文献[16-19]。太阳辐射采用 Dobson 模型由云量计算而来[20]。云量数据采用的是 NCEP/NCAR 的再分析数据[21]。

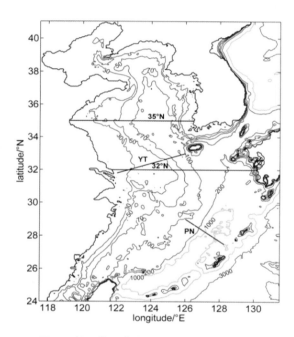

图 1　渤、黄、东海水深分布及断面位置

1.3　过去情景

　　过去情景指中全新世（距今 6ka 左右）时期。当时气候较现代更为温暖湿润，又被称为"全新世大暖期"，6ka 模拟结果即为中全新世时期古渤、黄、东海的水动力环境。古岸线与水深数据来自文献[22]，海表面大气强迫采用 COADS 数据集[23]，包括气温、比湿、风矢量、降水率和长、短波辐射。在海表面热通量计算过程中，先利用块体公式计算得到湍流热通量（包括感热和潜热通量），再与长、短波辐射组合得到净热通量。中全新世与现代气候状态的明显差别在于轨道变化引起的北半球太阳辐射的季节变幅增大，且东亚夏季风变强，因此古大气强迫的重建只针对短波辐射和风场两个要素。夏季（6、7、8 月）的古短波辐射在 COADS 数据的基础上提高 2.5%，冬季（12、1、2 月）值则降低 2.5%，达到古短波辐射的季节变幅较现代增大 5% 的程度[24]。为重建古季风，依据文献[25, 26]研究结果，将夏季风速北分量 v 在 COADS 数据基础上提高 10%，冬季 v 则降低 10%。其他要素均采用 COADS 数据。此外，过去情景的模拟区域、空间网格设置，初始场、开边界的温、盐、流、潮流强迫，以及河流径流量均与现代情景相同。模型运行 5 年，将最后一年的模拟结果进行绘图展示。

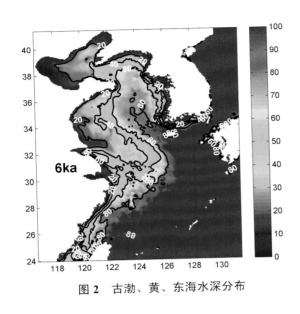

图2 古渤、黄、东海水深分布

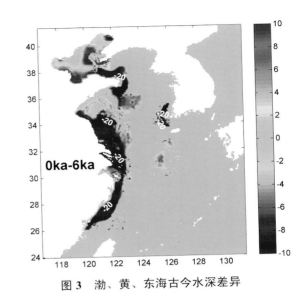

图3 渤、黄、东海古今水深差异

1.4 未来情景

利用政府间气候变化委员会(IPCC)第五次评估报告(AR5)中的海气耦合模式结果作为强迫,模拟我国陆架海未来物理环境的响应。IPCC报告中确定了一套"基准排放情景",即"有代表性浓度路径(RCPs)"。该套情景共包括四个路径:一个高端路径(RCP8.5),两个中端"稳定路径"(RCP6.0和RCP4.5)和一个低端路径(RCP2.6)。本文中选取的是RCP4.5的情景,即到2100年由CO_2当量浓度所引起的辐射强迫稳定在$4.5W\cdot m^{-2}$左右。

全球十几个国家的20多个复杂的全球气候系统模式参加了全球气候变化预估对比,本研究选取了FGOALS-s2(Flexible Global Ocean-Atmosphere-Land System model, Spectral Version 2)和MIROC5.0(The Model for Interdisciplinary Research on Climate, Version 5)[①]的结果作为未来气候强迫场来驱动中国陆架海模型。选取这两个气候系统模式在2026~2075年间的气候态结果作为陆架海模型的强迫场,进行情景模拟(Future)。为了研究未来中国陆架海物理环境场的响应,将这两个气候系统模式在1951~2000年间的气候态结果分别用来驱动陆架海模型,作为当前物理环境场的参照组(History)。无论是情景模拟(Future)还是参照组模拟(History),初始场、开边界的温、盐、流及潮流强迫均与现代控制实验相同。模型运行5年,将最后一年的模拟结果进行绘图展示。

1.5 长江冲淡水典型情景

长江是中国第一大河,长江冲淡水的扩展是东海陆架区一个突出的水文现象。由长江入海的营养物质随着长江冲淡水扩展对长江口附近海域的浮游植物生物量及群落结构产生重要影响。长江径流量和入海营养盐浓度及比例呈现显著的年际变化,体现了气候变化和人为活动对海区生态环境的影响。1998年和2006年为长江显著的丰水年和枯水年,加之两年气象场(风场等)的不同,长江冲淡水扩展形态存在显著差异。受人类活动影响两年中长江水中营养盐浓度和结构也有不同。因此,选取该两年做情景模拟,并比较两种情景下长江口外附近海域物理、生态环境的差异特征。情景模拟区域、空间网格设置均与现代控制实验相同。大气强迫采用NCEP(National Centers for Environmental Prediction)再分析数据集[27],包括:风应力、云量、热通量、气压、蒸发、降水。两个年份长江的月平均径流量

---

① http://cmip-pcmdi.llnl.gov/cmip5/

数据来自《中国河流泥沙公报》[28]，长江河口段三种营养盐浓度来自观测[29,30]。此外，情景模拟中的初始场，开边界的温、盐、流及潮流强迫与现代情景试验设置相同。模型运行 3 年，将最后一年的模拟结果进行绘图展示。

2　图片解释

对渤、黄、东海的大面图，图片覆盖的空间范围为 116.7°E～131.5°E，24.0°N～41.4°N；对长江冲淡水典型情景部分的大面图，覆盖范围为 119°E～128°E，27°N～36°N。图片中标尺上方标明图像对应要素及其单位，"Temp."代表温度，单位为摄氏度（℃）。"Sal."代表盐度。三种营养盐："DIN"代表溶解无机氮，"DIP"代表溶解无机磷，"SIL"代表硅酸盐，单位均为 $\mu mol \cdot L^{-1}$。"Chl-a"代表叶绿素 a 浓度，单位为 $mg \cdot m^{-3}$。标尺上方矩形方框中标明了以下图像信息：

（1）典型情景名称。包括：①Modern（现代情景）；②6 ka（过去情景）；③未来情景，含 History（1951～2000 年历史多年平均）参照组和 Future（2026～2075 年预测多年平均）；④长江冲淡水干湿两种情景——1998 年（丰水年）和 2006 年（枯水年）。需要注意的是在未来情景部分，包含两种不同模型 FGOALS 和 MIROC 的计算结果。

（2）月份。JAN、FEB、MAR、APR、MAY、JUN、JUL、AUG、SEP、OCT、NOV 与 DEC 分别表示 1 月、2 月、3 月、4 月、5 月、6 月、7 月、8 月、9 月、10 月、11 月与 12 月。

（3）层次或断面位置。对于大面图，分 Surface（距海表 2 m 处）和 Bottom（距海底 2 m 处）两层；对于断面图，分 PN 断面、32°N 断面、35°N 断面和 YT 断面，断面具体位置参见前文中图 1。

【参考文献】

[1]　Blumberg A F, Mellor G L. A description of a three - dimensional coastal ocean circulation model［C］American Geophysical Union: Coastal and Estuarine Series, No. 4,1987:1-16.

[2]　Mellor G. Users guide for a three-dimensional, primitive equation, numerical ocean model, Program in Atmospheric and Oceanic Sciences［M］. USA: Princeton University,2003.

[3]　Matsumoto K, Takanezawa T, Ooe M. Ocean tide models developed by assimilating TOPEX /POSEIDON altimeter data into hydrodynamical model: a global model and a regional model around Japan［J］.Journal of Oceanography,2000,56（5）:567-581.

[4]　Aksnes D L, Ulvestad K B, Baliño B M, et al. Ecological modelling in coastal waters: towards predictive physical-chemical-biological simulation models［J］. Ophelia, 1995,41（1）:5-36.

[5]　Skogen M D, Svendsen E, Berntsen J, et al. Modelling the primary production in the North Sea using a coupled three-dimensional physical-chemical-biological ocean model［J］.Estuarine, Coastal and Shelf Science,1995,41（5）:545-565.

[6]　Zhao L, Guo X. Influence of cross-shelf water transport on nutrients and phytoplankton in the East China Sea: a model study［J］.Ocean Science,2011,7:27-43.

[7]　Choi B, Kim K, Eum H. Digital bathymetric and topographic data for neighboring seas of Korea（in Korean）［J］.Journal of Korean Society of Coastal and Ocean Engineers,2002, 14, 41-50.

[8] Barnier B. Forcing the Oceans［M］//Chassignet E and Verron J. Ocean Modeling and Parameterization. Dordrecht: Kluwer Academic Publishers, 1998: 451.

[9] Chen G Z. Marine Atlas of Bohai Sea, Yellow Sea, East China Sea, Hydrology［M］. Beijing: China Ocean Press, Beijing,1992:530.

[10] Guo X, Hukuda H, Miyazawa Y, et al. A triply nested ocean model for simulating the Kuroshio-Roles of horizontal resolution on JEBAR ［J］.Journal of Physical Oceanography,2003,33（1）: 146-169.

[11] Wang Q, Guo X, Takeoka H. Seasonal variations of the Yellow River plume in the Bohai Sea: A model study［J］.Journal of Geophysical Research: Oceans（1978–2012），2008,113（C8）.

[12] Garcia H, Locarnini R, Boyer T, et al. World Ocean Atlas 2005, Volume 4: Nutrients（phosphate, nitrate, silicate）［M］// Levitus S. NOAA Atlas NESDIS 64. Washington, DC, USA: US Government Printing Office,2006b: 396.

[13] Chen C. Chemical and physical fronts in the Bohai, Yellow and East China seas［J］.Journal of Marine Systems, 2009,78,394-410.

[14] Garcia H, Locarnini R, Boyer T, et al. World Ocean Atlas 2005, Volume 3: Dissolved Oxygen, Apparent Oxygen Utilization, and Oxygen Saturation［M］// Levitus S. NOAA Atlas NESDIS 63. Washington, DC, USA: US Government Printing Office,2006a: 342.

[15] Wang Y. Marine Atlas of Boshi Sea, Yellow Sea, East China Sea, Chemistry［M］, Beijing: China Ocean Press, Beijing,1992:257.

[16] Zhang J. Nutrient elements in large Chinese estuaries ［J］.Continental Shelf Research. 1996,16（8）: 1023-1045.

[17] Liu S M, Hong G H, Zhang J, et al. Nutrient budgets for large Chinese estuaries［J］. Biogeosciences, 2009,6（10）:2245-2263.

[18] Wan X F, Wu Z M, Chang Z Q, et al. Reanalysis of atmospheric flux of nutrients to the South Yellow Sea and the East China Sea ［J］.Marine Environmental Science, 2002,21（4）:14-18.

[19] Zhang G, Zhang J, Liu S. Characterization of nutrients in the atmospheric wet and dry deposition observed at the two monitoring sites over Yellow Sea and East China Sea ［J］.Journal of Atmospheric Chemistry,2007,57（1）:41-57.

[20] Dobson F W, Smith S D. Bulk models of solar radiation at sea ［J］. Quarterly Journal of the Royal Meteorological Society,1988,114（479）:165-182.

[21] Kalnay E, Kanamitsu M, Kistler R, et al. The NCEP/NCAR 40-year reanalysis project ［J］.Bulletin of the American meteorological Society,1996,77（3）:437-471.

[22] 季有俊, 杨作升, 王厚杰, 等. 最大海侵时期古渤海潮流沉积动力环境特征及其与现今对比［J］. 海洋地质与第四纪地质, 2011, 31（3）: 31-39.

[23] Slutz R, Lubker S, Hiscox J, et al. Comprehensive Ocean-Atmosphere Data Set: Release 1［C］,1985:268.

[24] Berger A L. Long-term variations of daily insolation and Quaternary climatic changes ［J］. Journal of the Atmospheric Sciences,1978,35（12）:2362-2367.

[25] Jiang D, Lang X, Tian Z, et al. Mid-Holocene East Asian summer monsoon strengthening: Insights from Paleoclimate Modeling Intercomparison Project（PMIP）simulations［J］. Palaeogeography, Palaeoclimatology, Palaeoecology, 2013,369:422-42.

[26] Wang L, Li J, Lu H, et al. The East Asian winter monsoon over the last 15,000 years: its links to high-latitudes and tropical climate systems and complex correlation to the summer monsoon［J］. Quaternary Science Reviews,2012,32:131-142.

[27] National Centers for Environmental Prediction, National Weather Service, NOAA, U.S. Department of Commerce. NCEP/DOE Reanalysis II. Research Data Archive at the National Center for Atmospheric Research, Computational and Information Systems Laboratory. Dataset［DB］. 2000. http://rda.ucar.edu/datasets/ds091.0/.

[28] 中华人民共和国水利部.中国河流泥沙公报［M］.北京: 中国水利水电出版,1998, 2006.

[29] 王奎, 陈建芳, 金海燕, 等. 长江口及邻近海区营养盐结构与限［J］. 海洋学报, 2013 (3): 128-136.

[30] Duan S, Liang T, Zhang S, et al. Seasonal changes in nitrogen and phosphorus transport in the lower Changjiang River before the construction of the Three Gorges Dam ［J］. Estuarine, coastal and shelf science, 2008,79 (2):239-250.

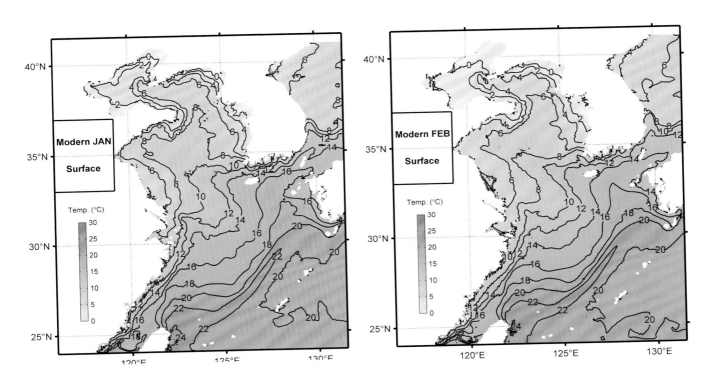

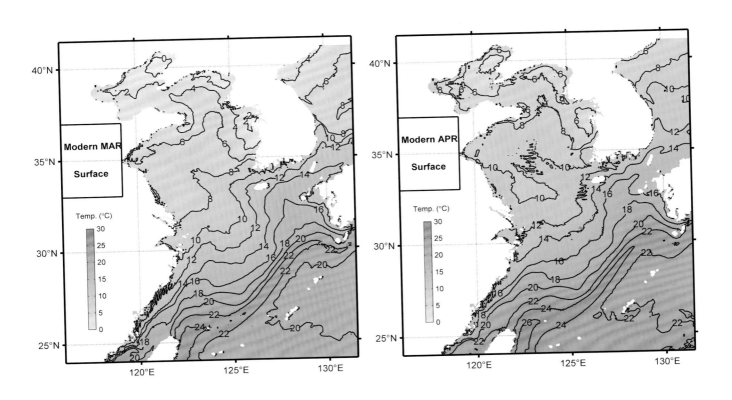

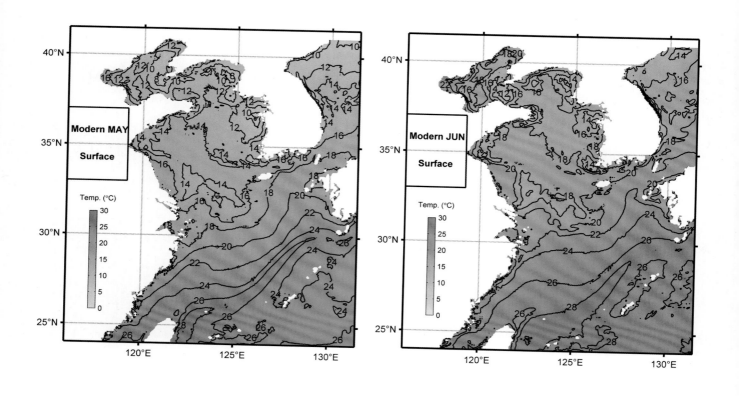

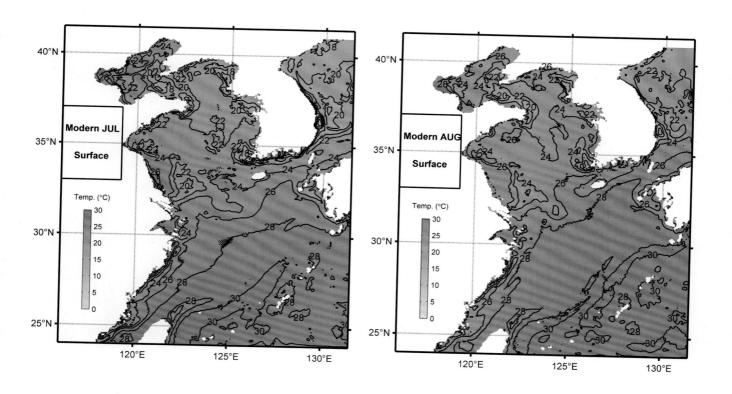

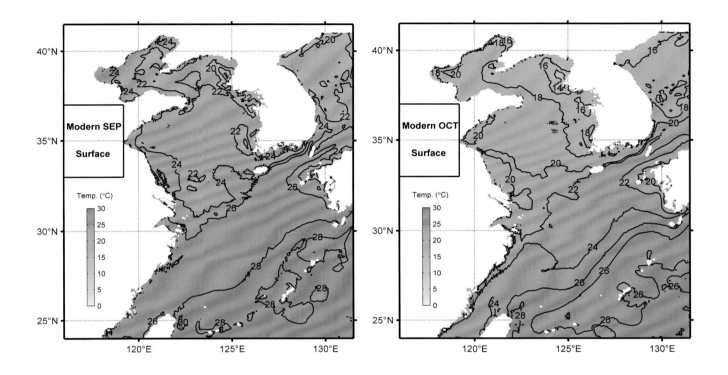

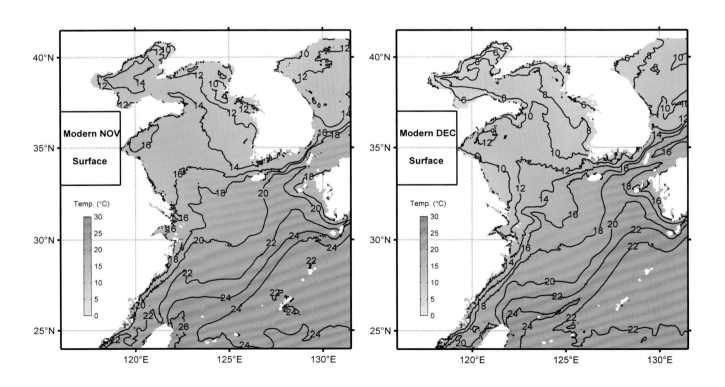

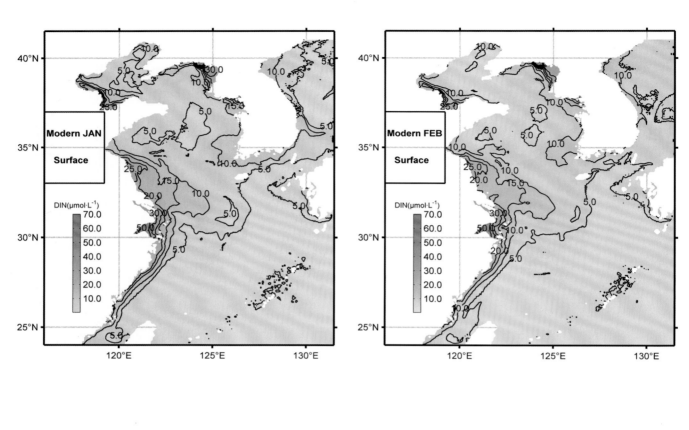

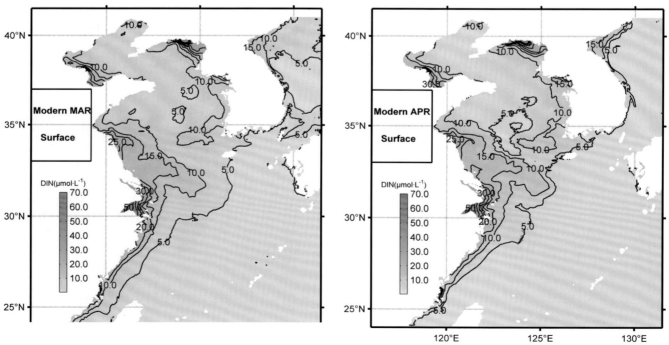

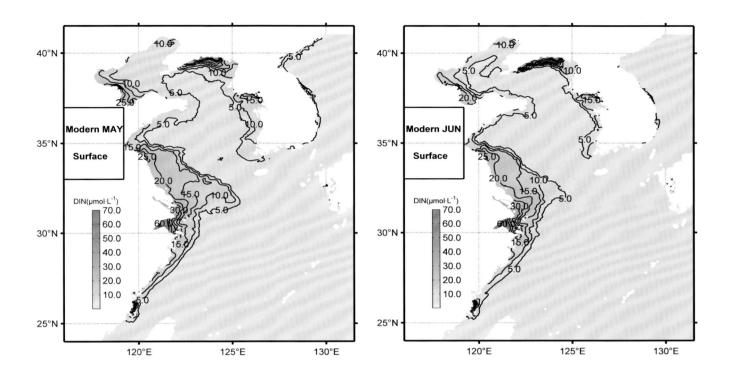

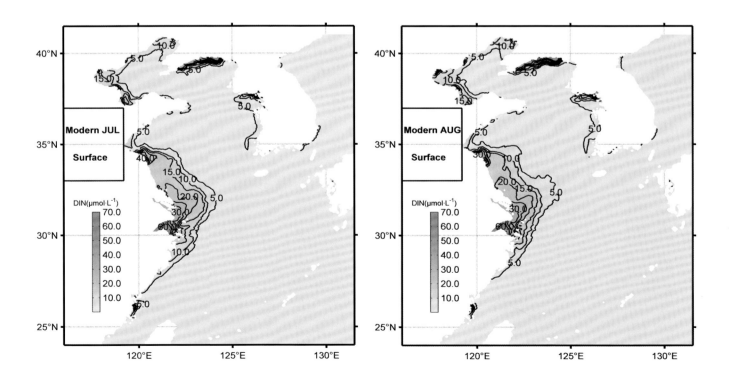

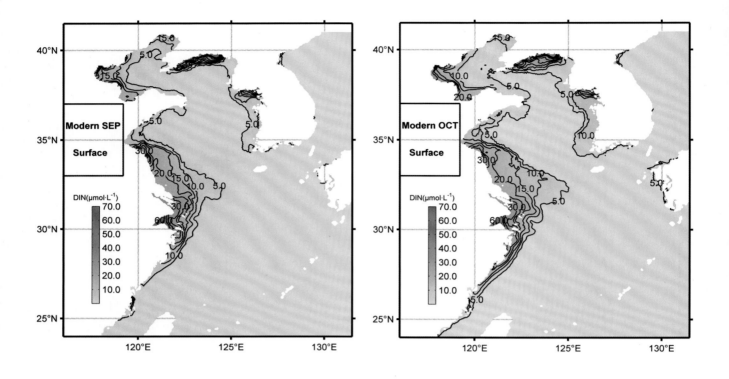

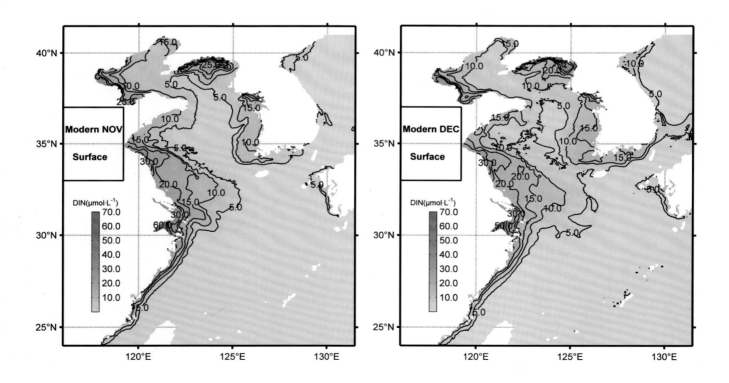

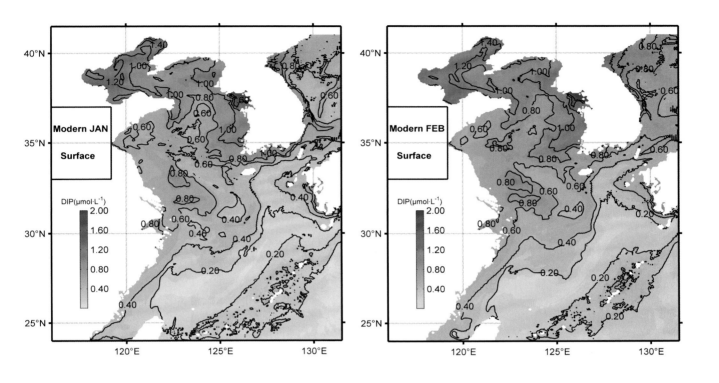

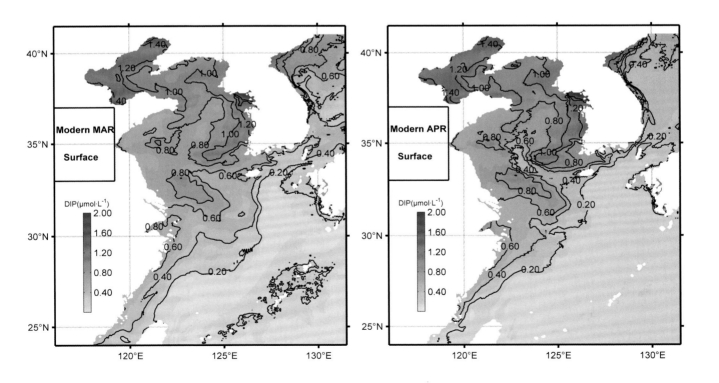

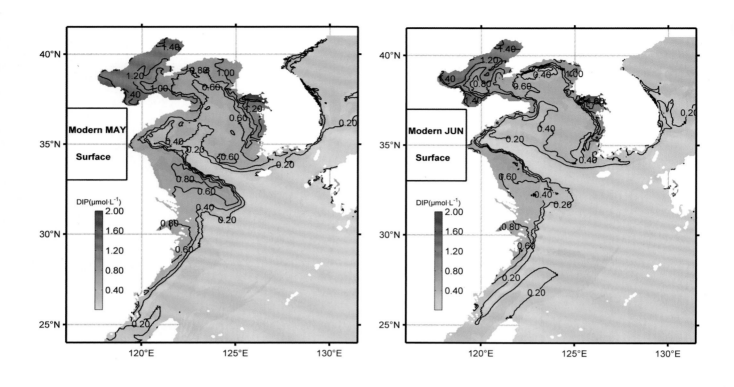

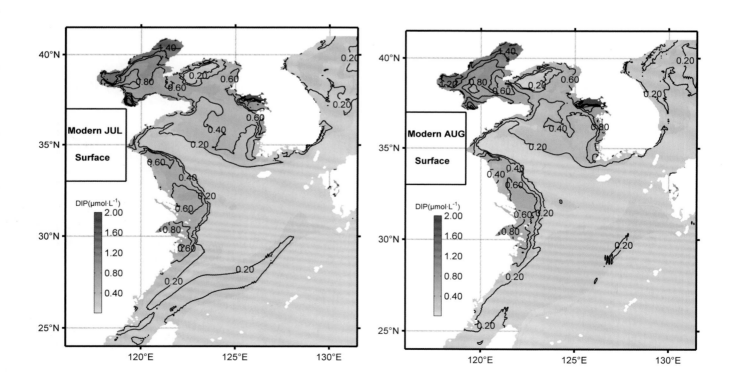

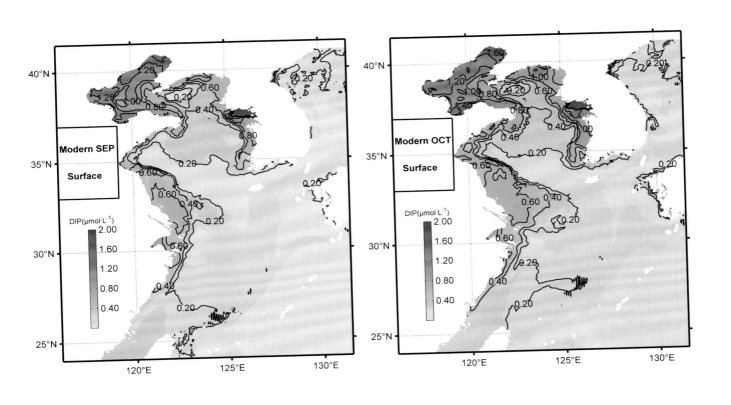

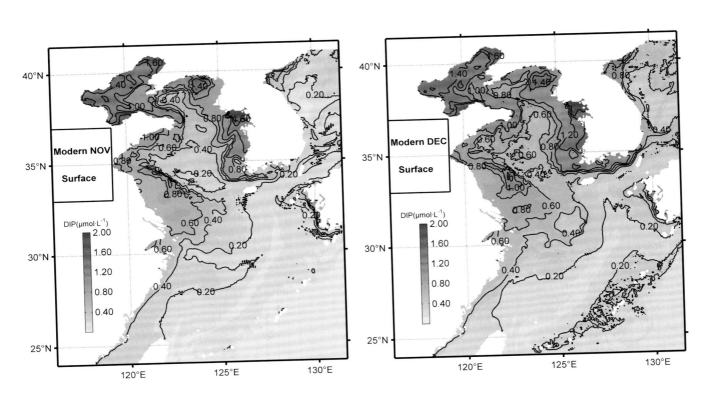

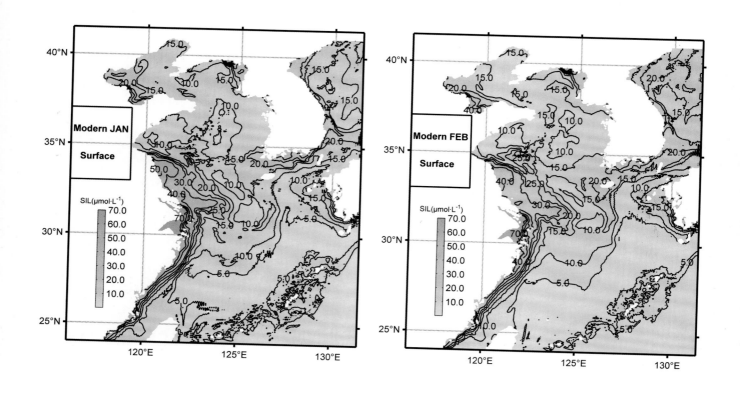

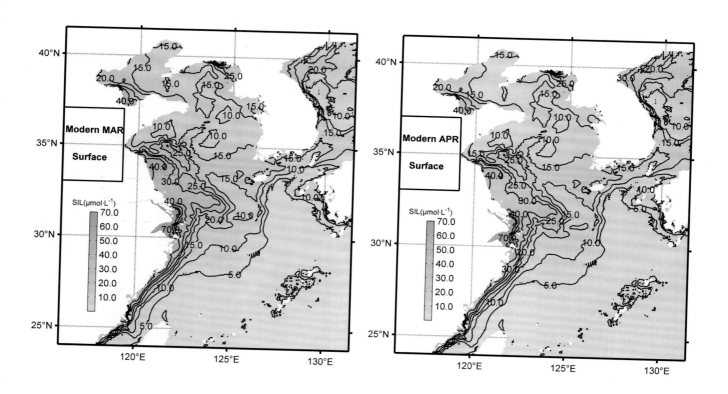

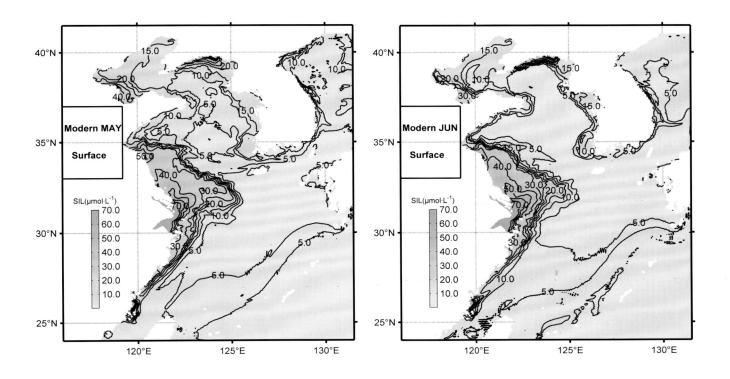

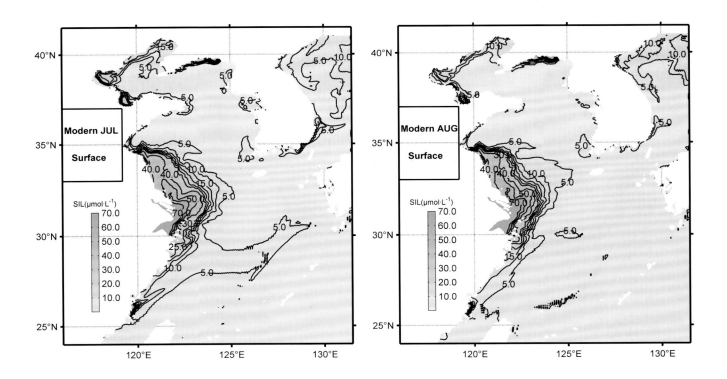

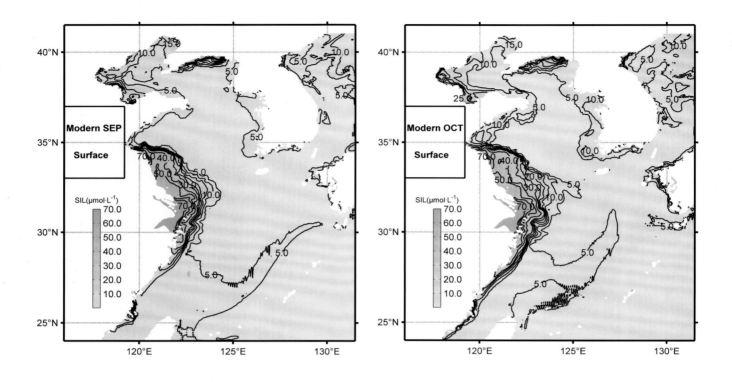

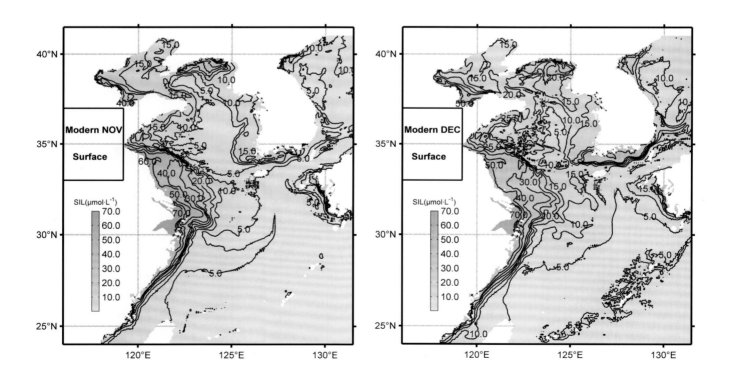

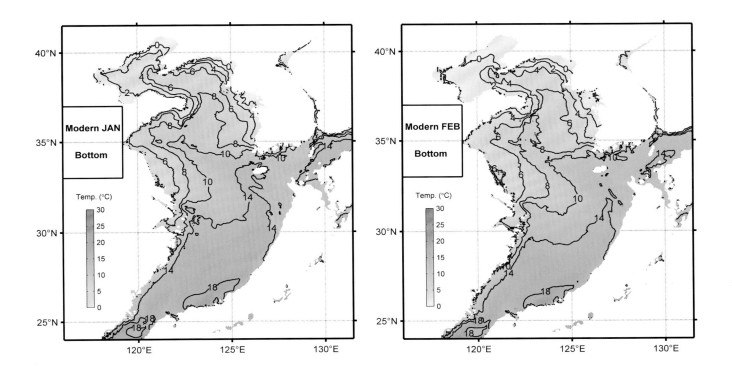

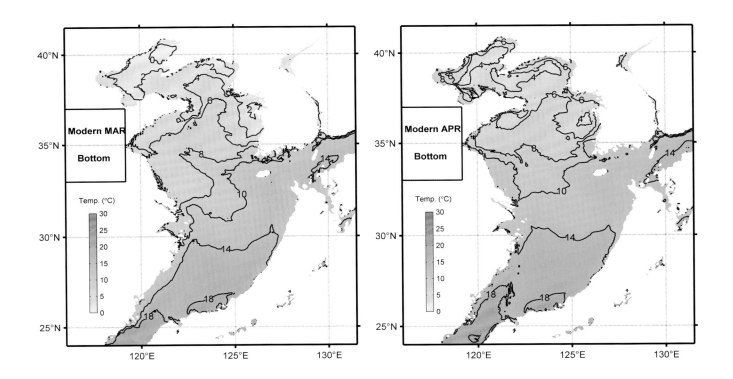

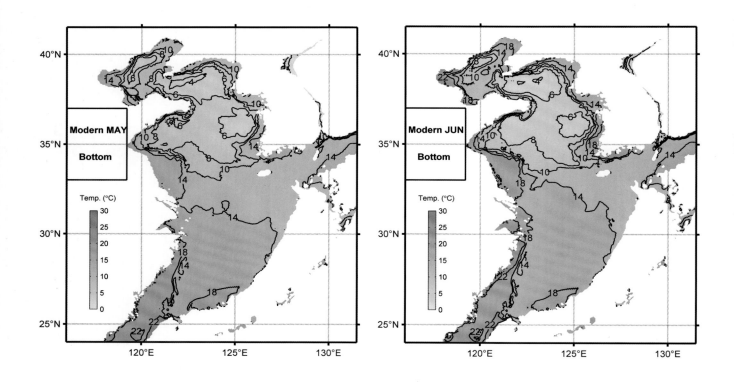

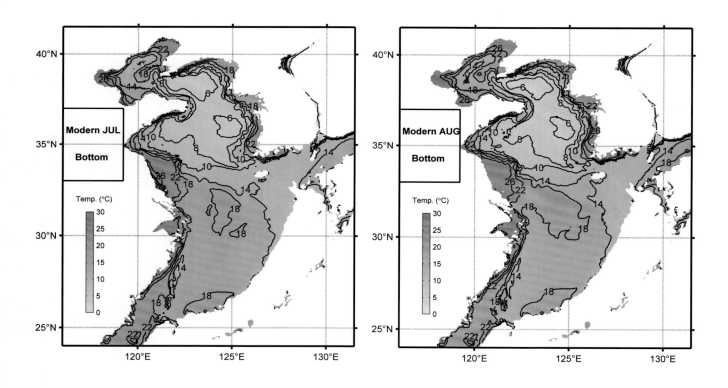

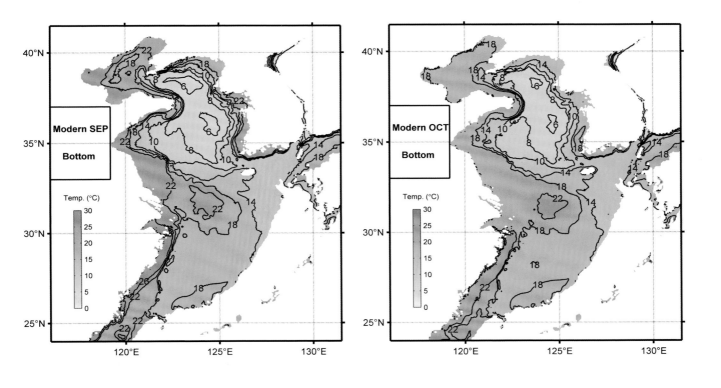

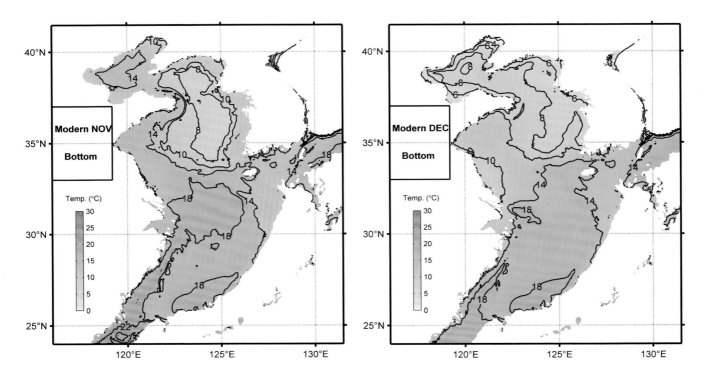

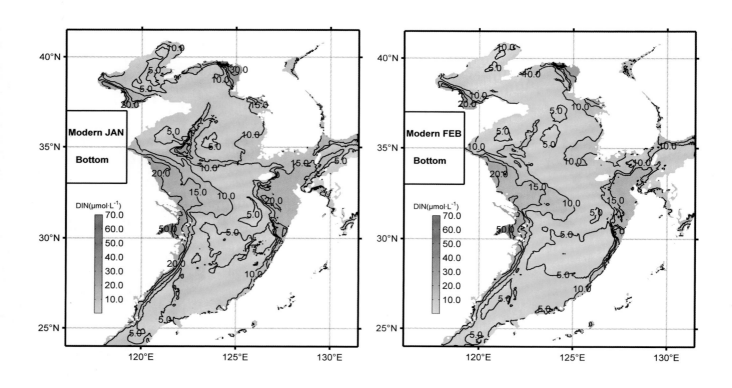

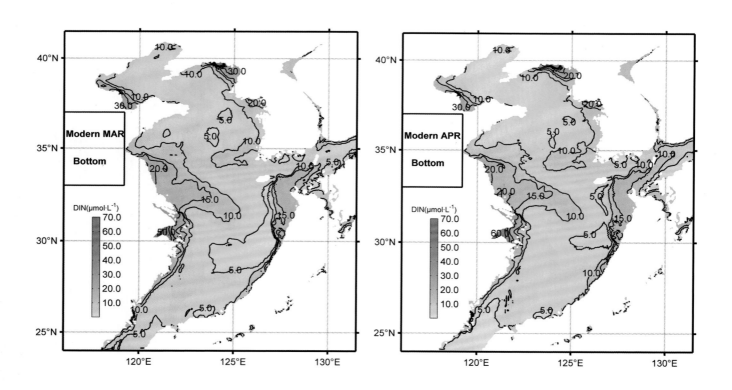

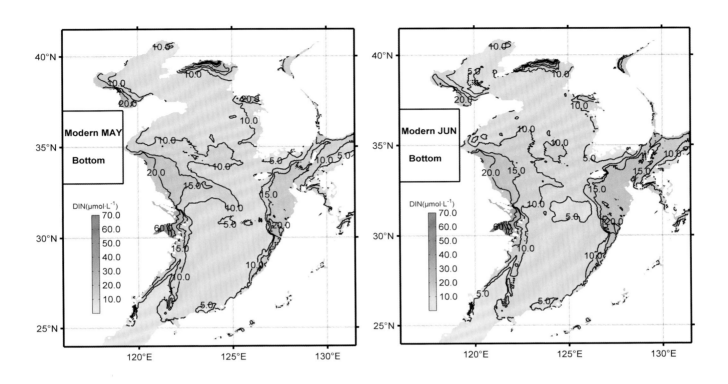

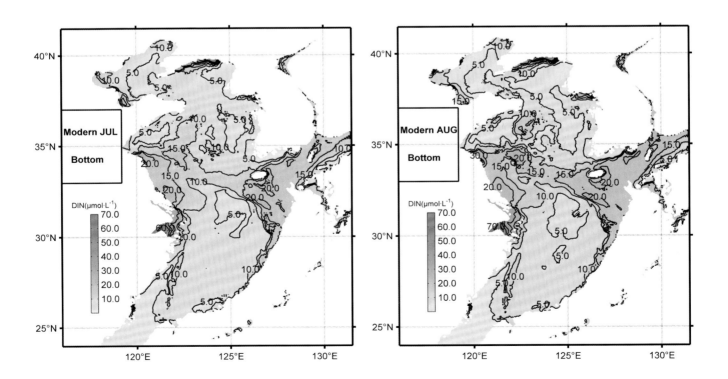

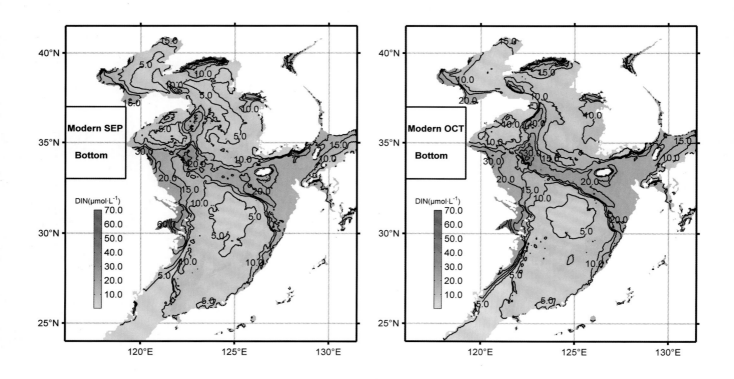

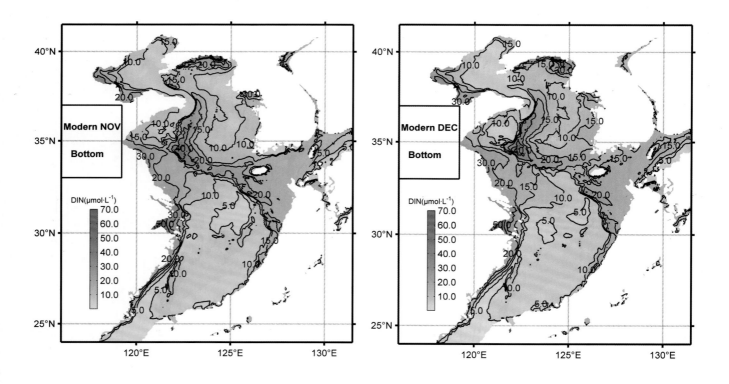

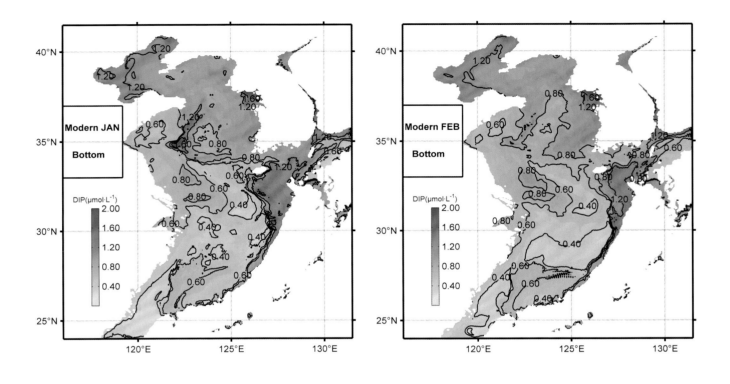

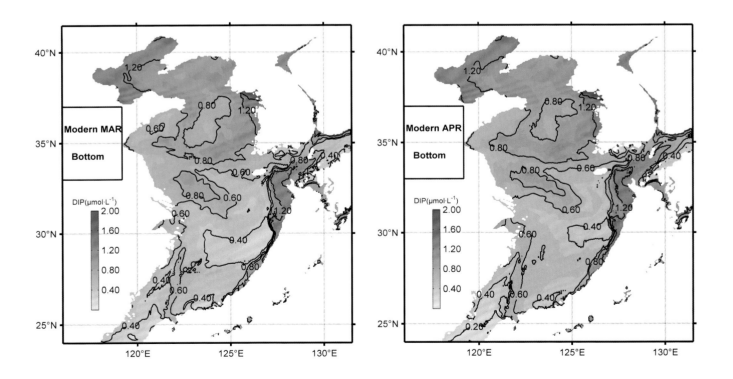

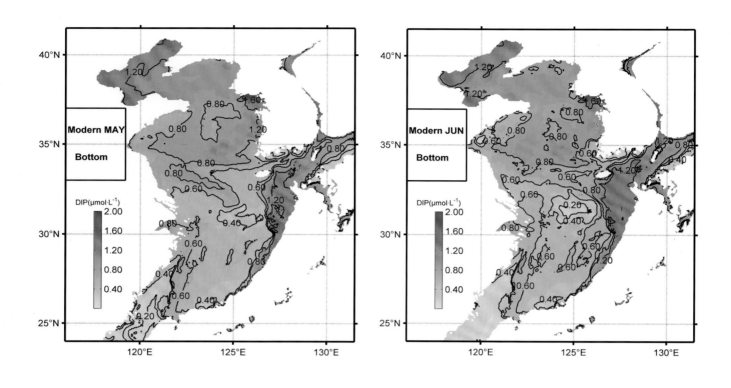

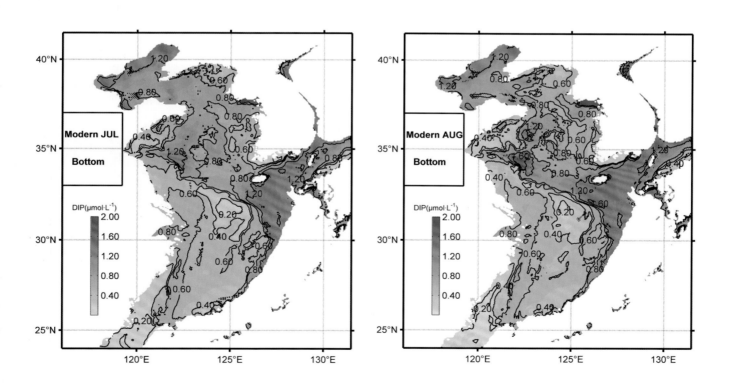

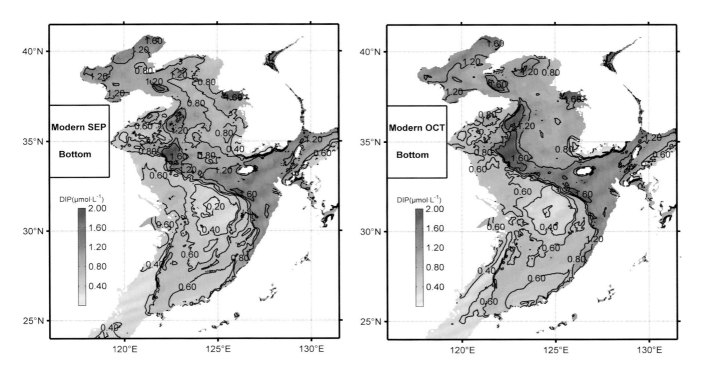

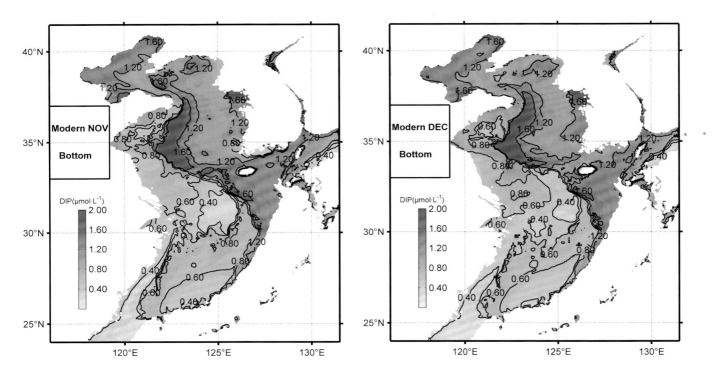

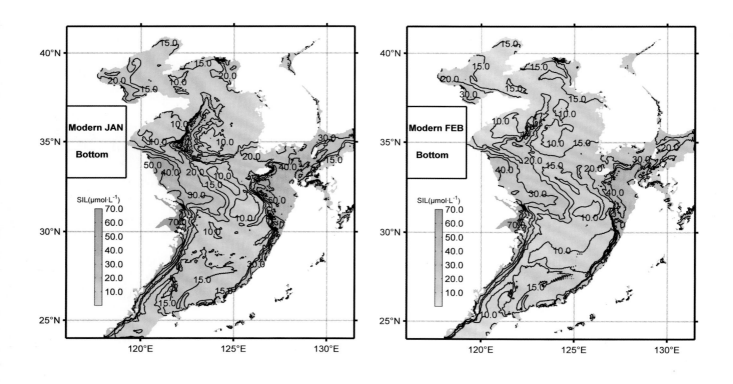

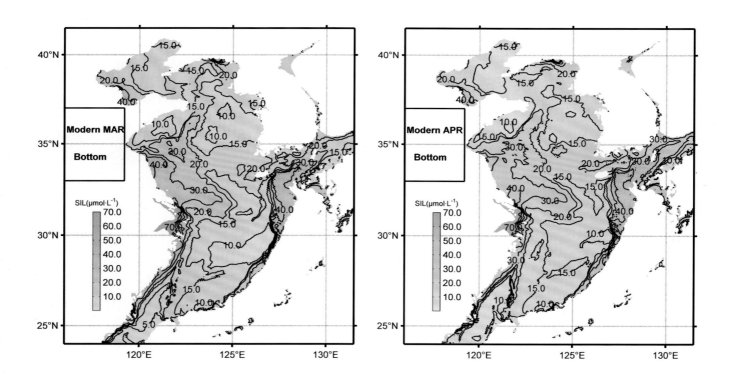

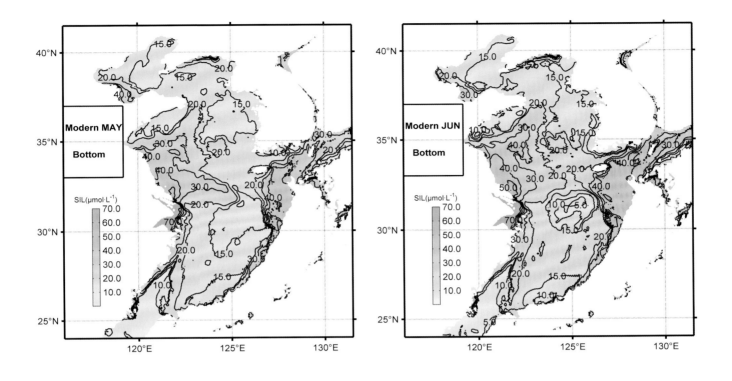

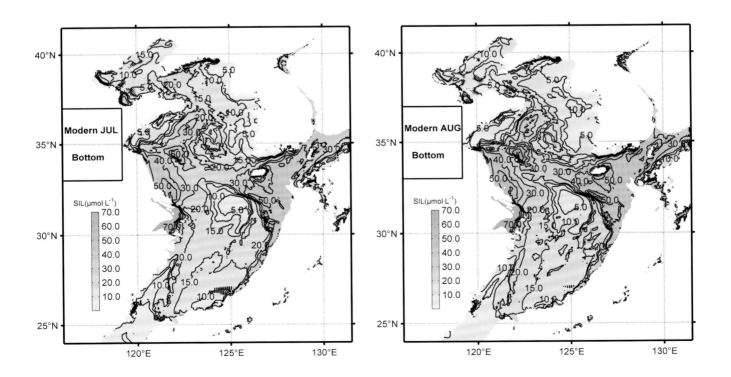

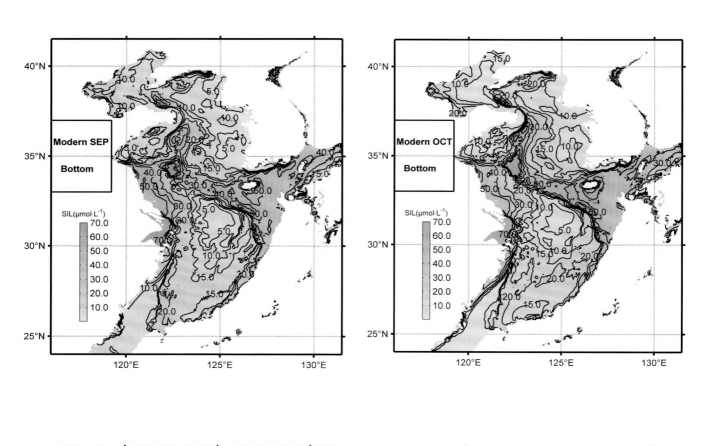

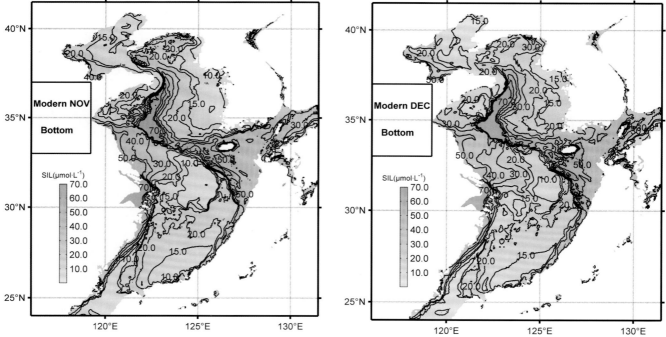

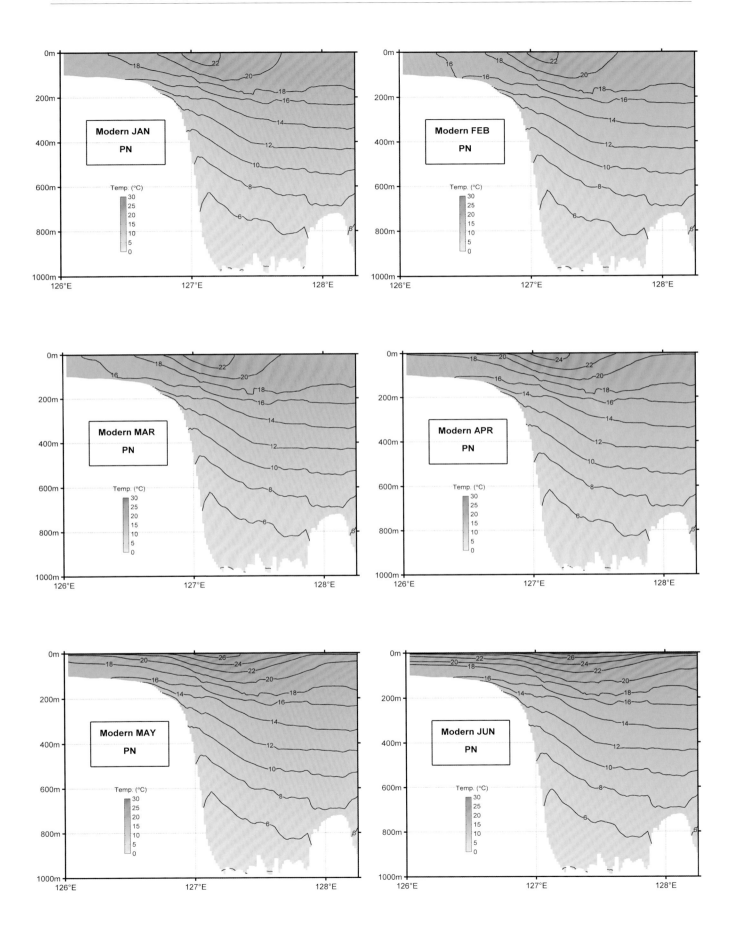

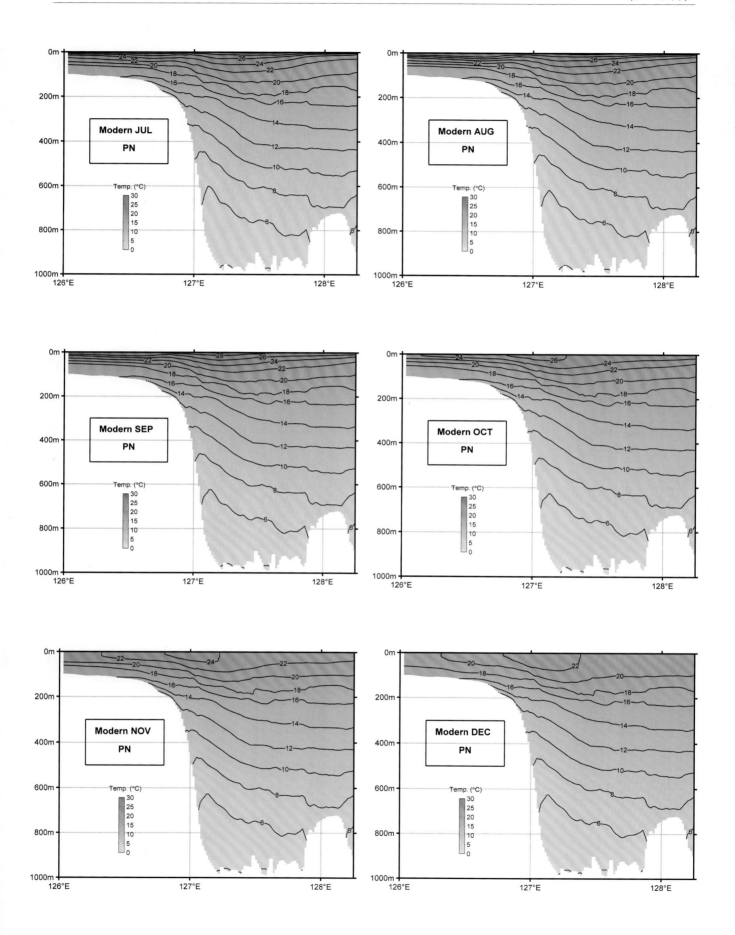

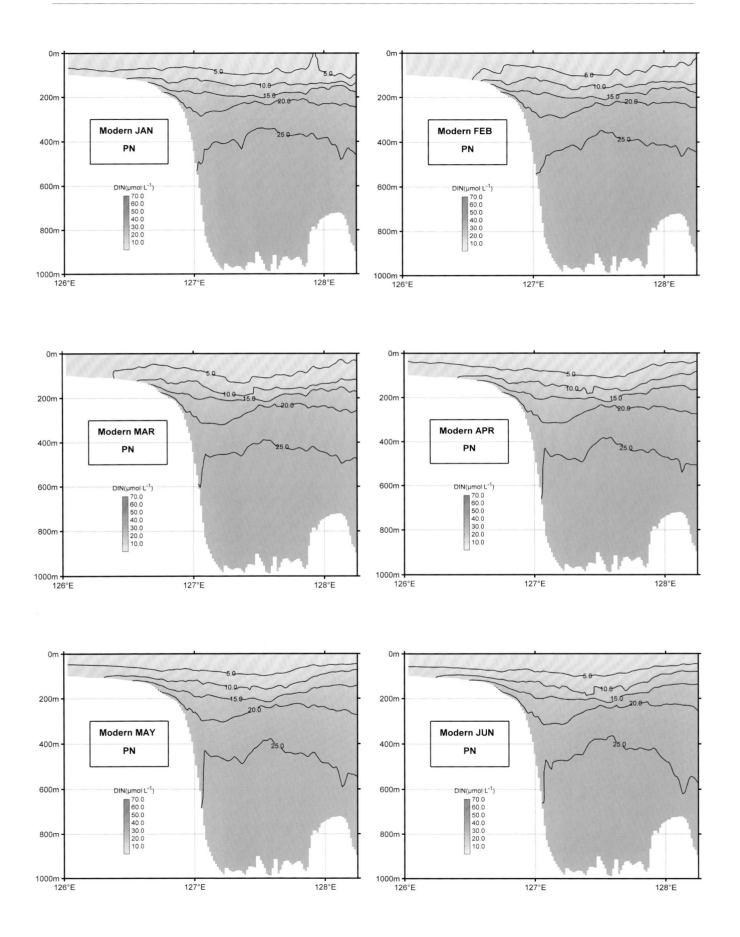

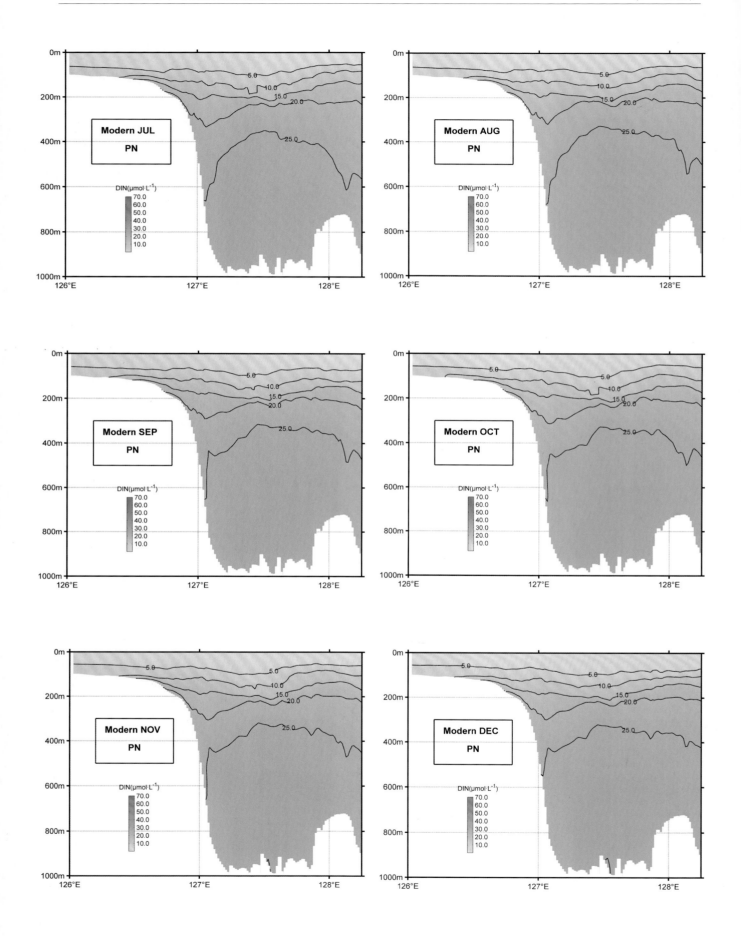

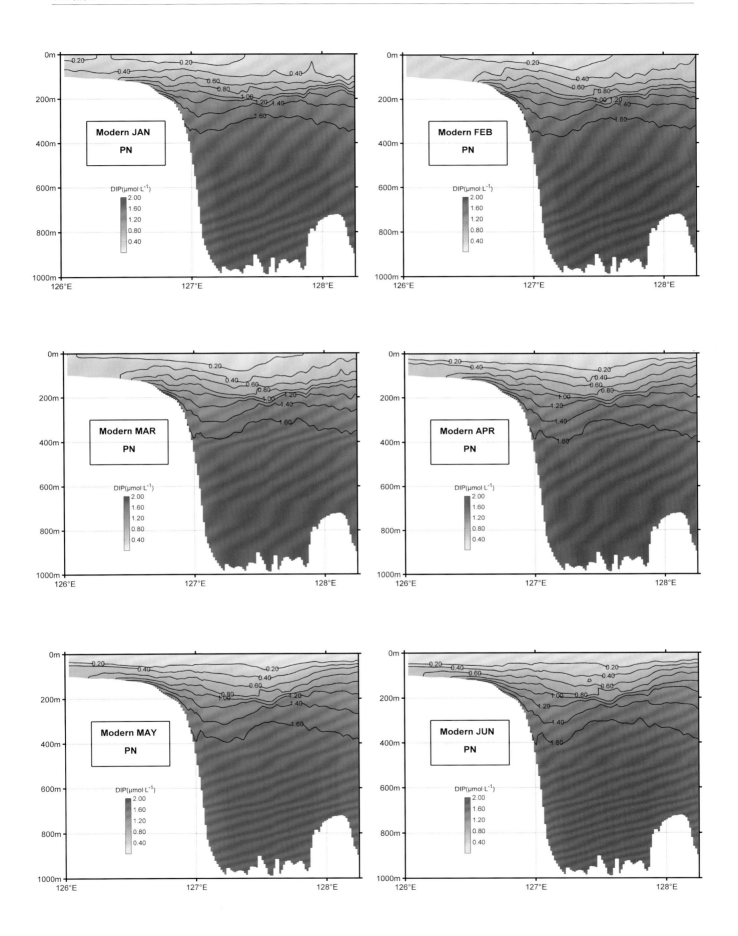

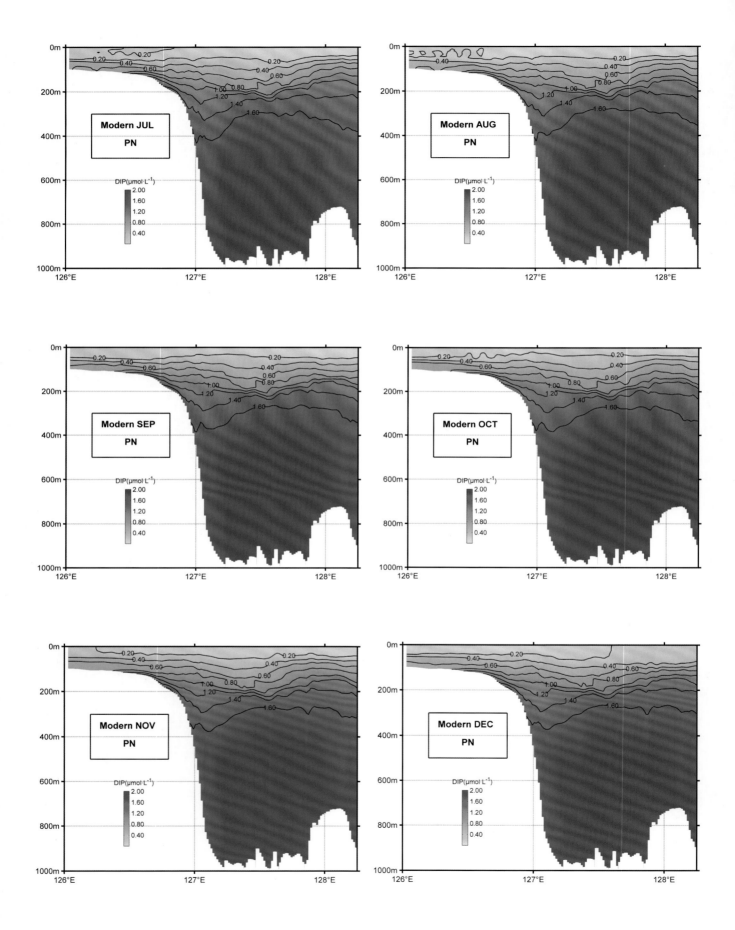

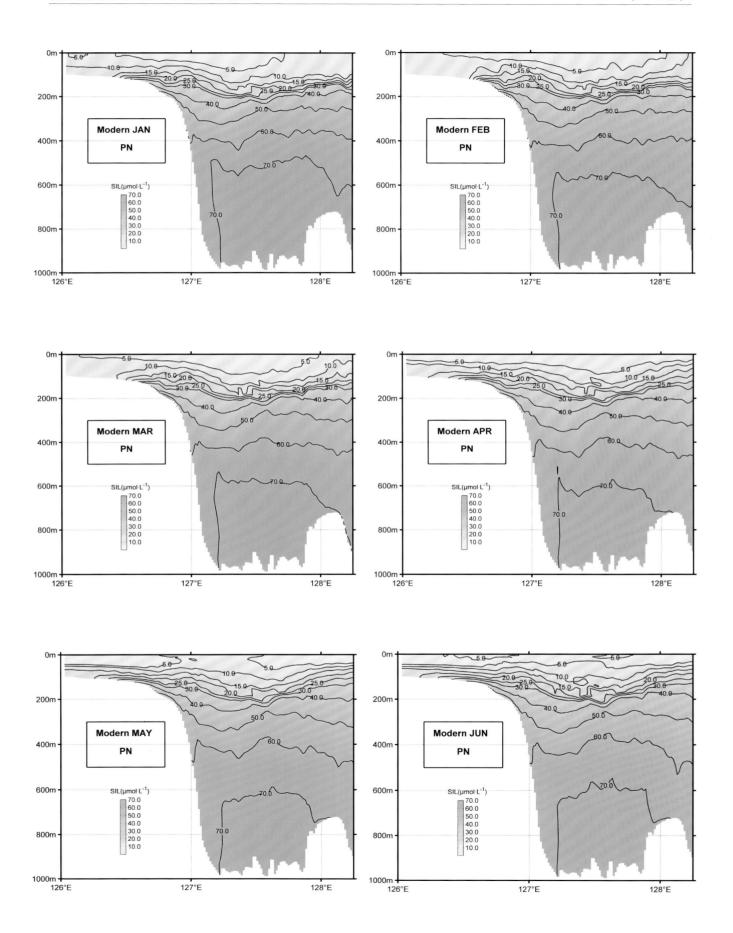

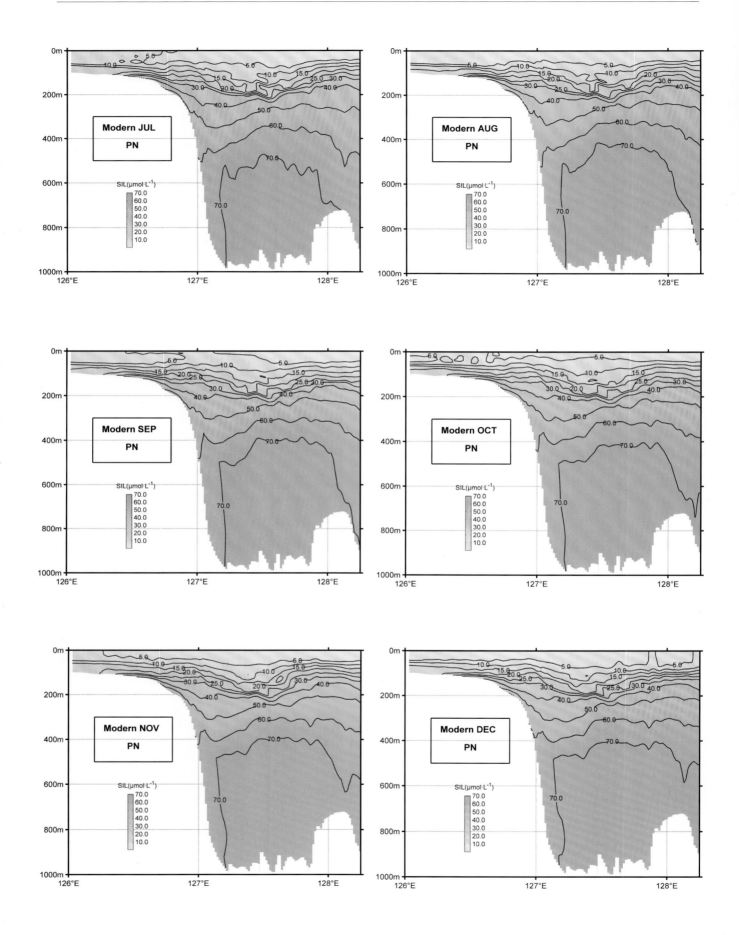

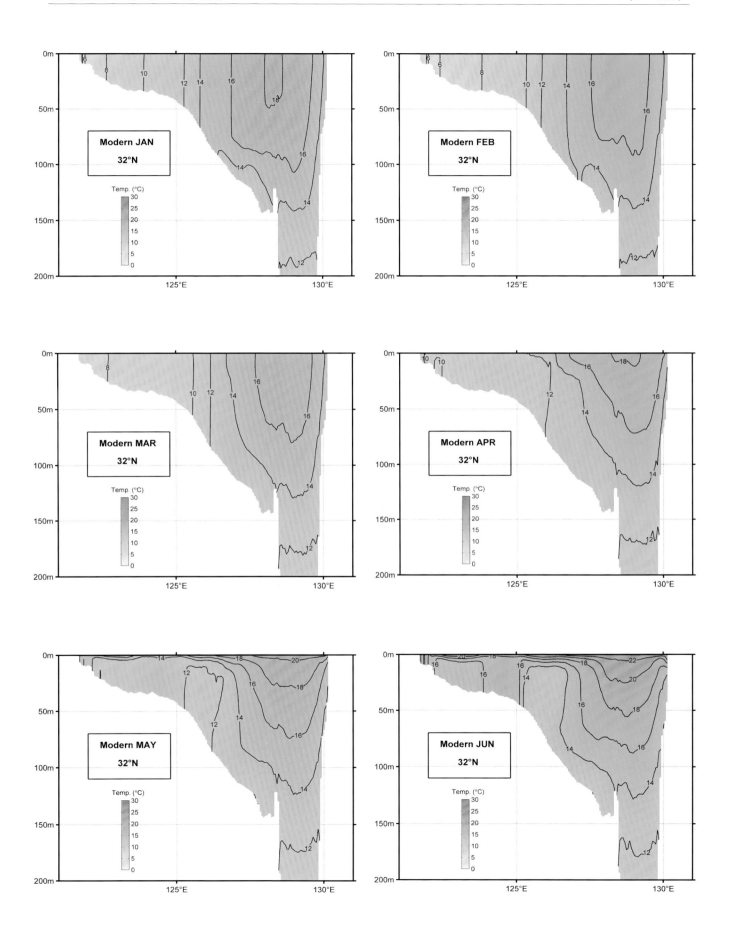

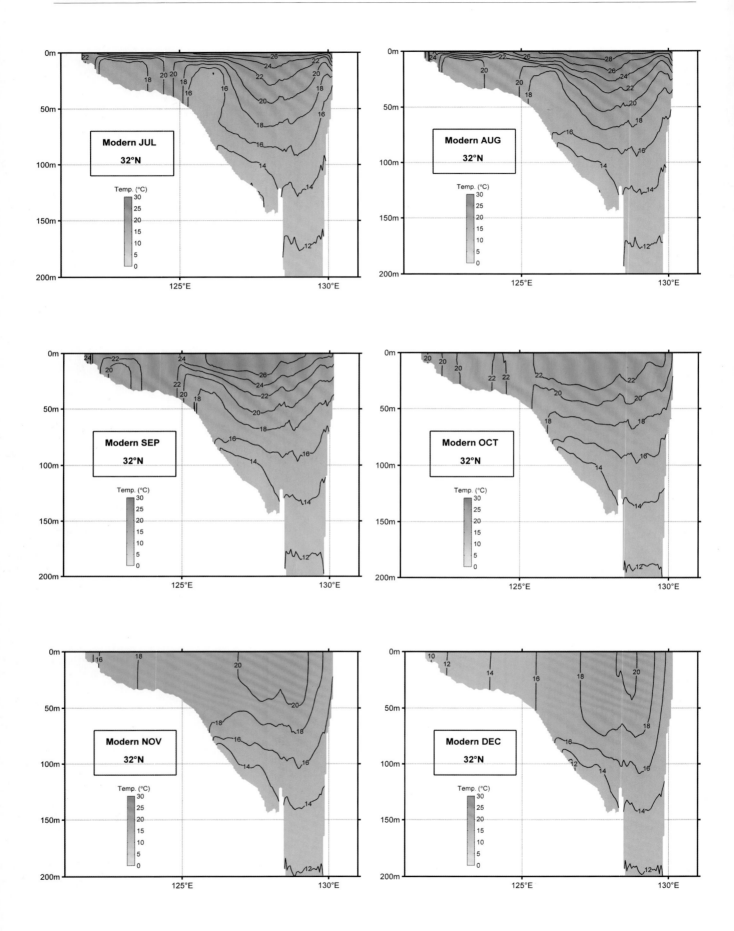

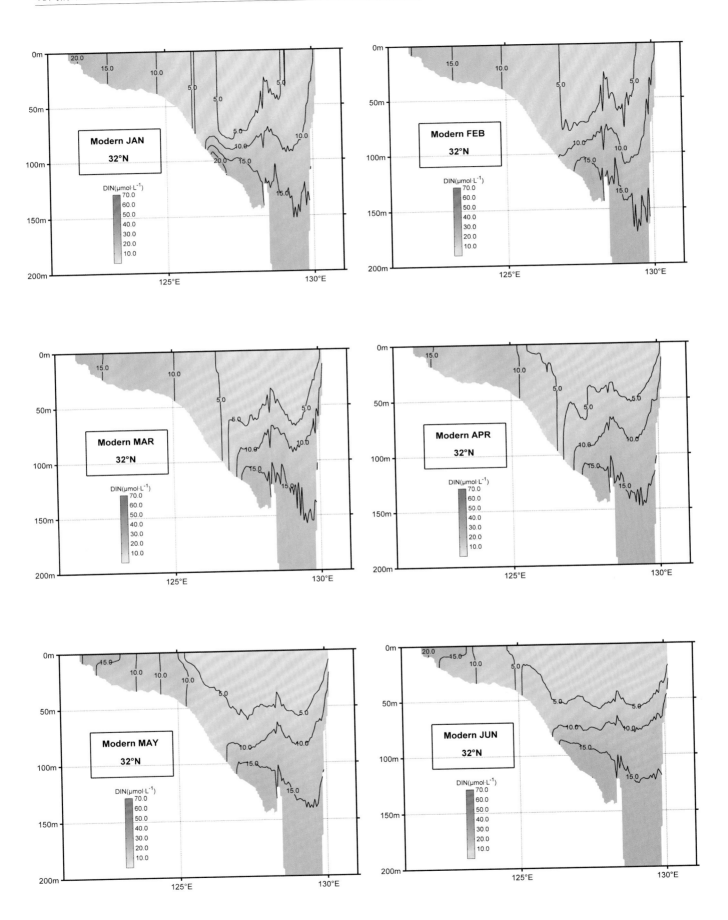

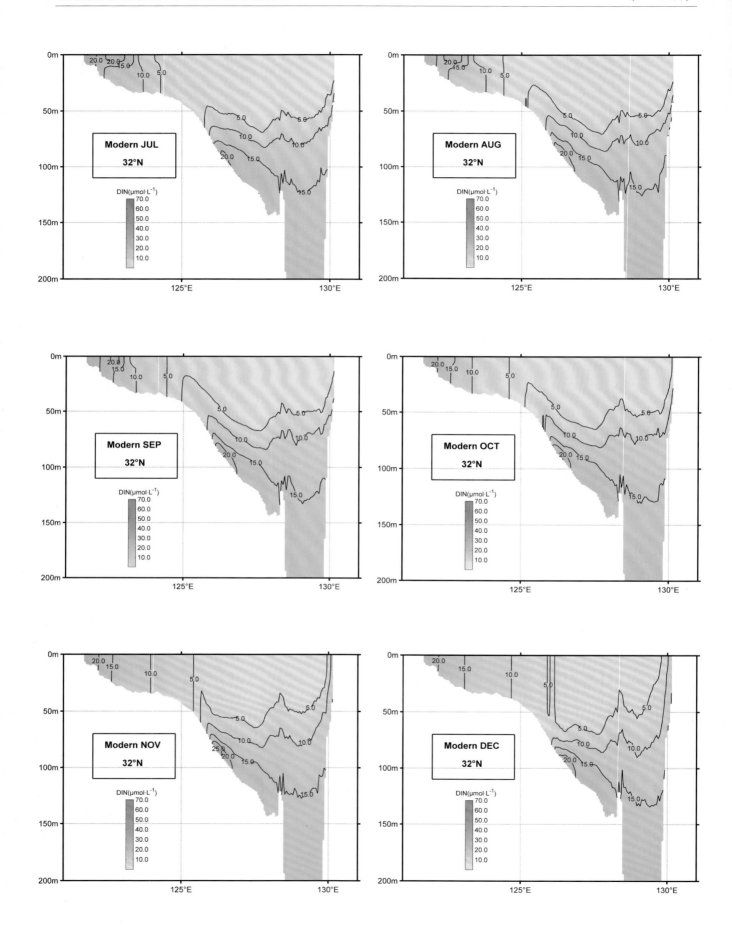

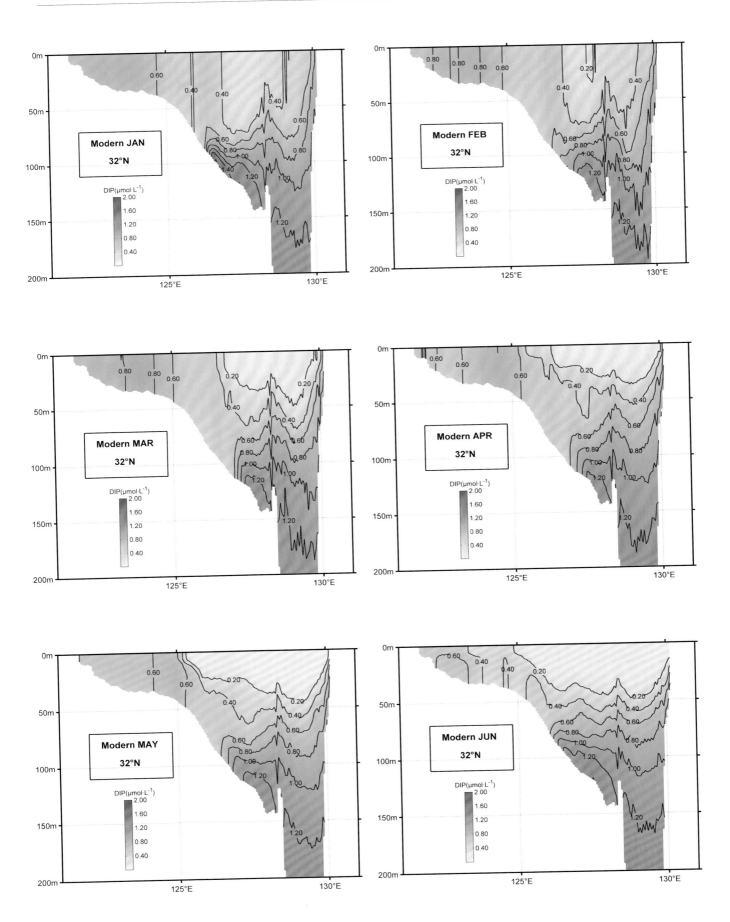

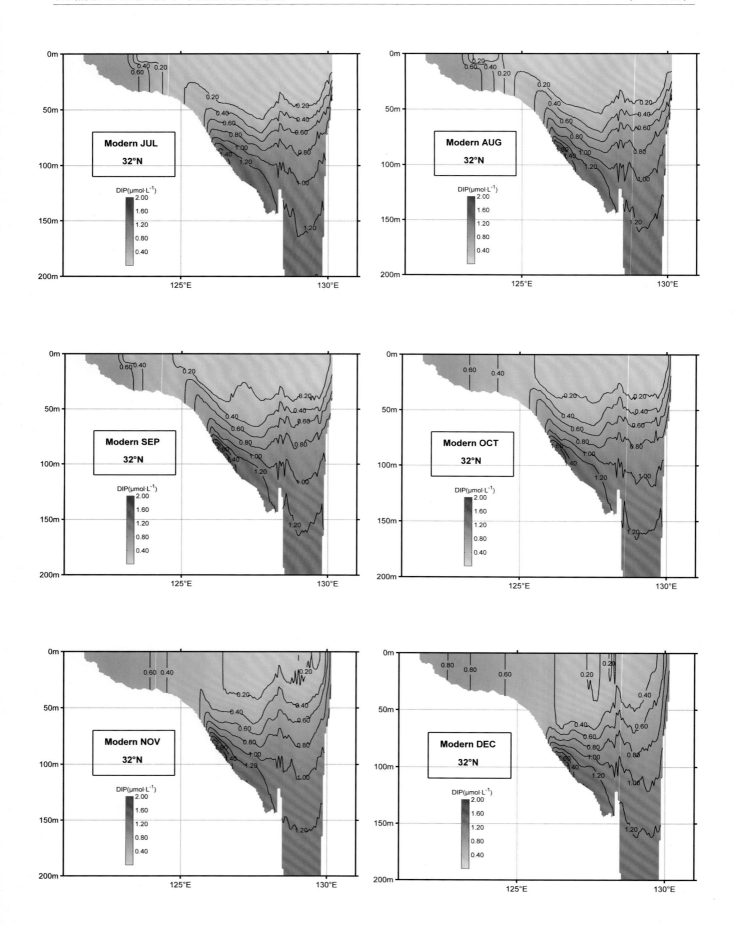

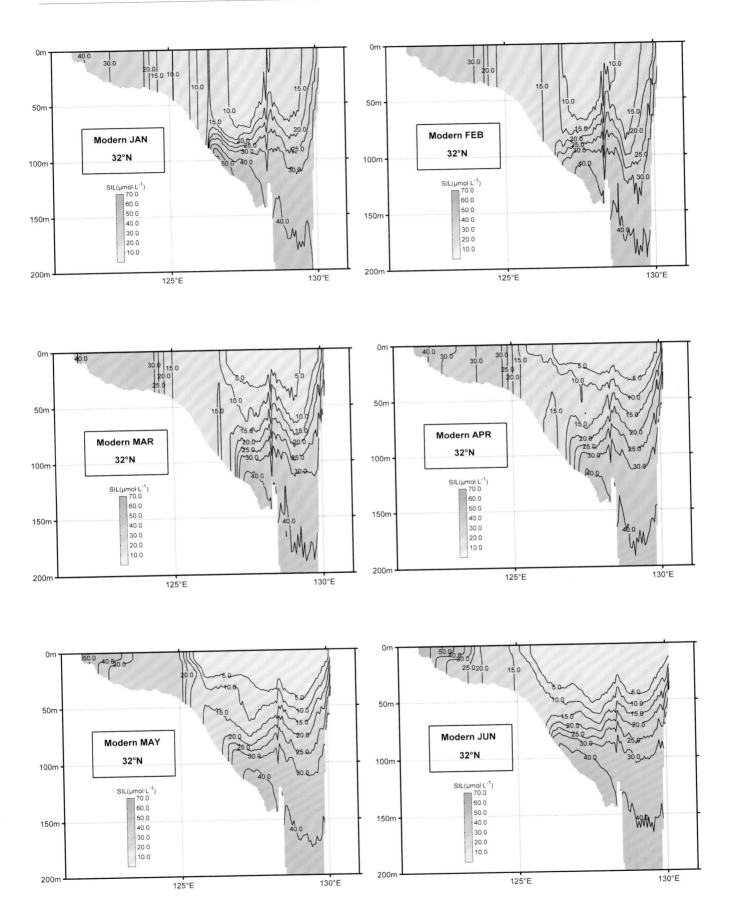

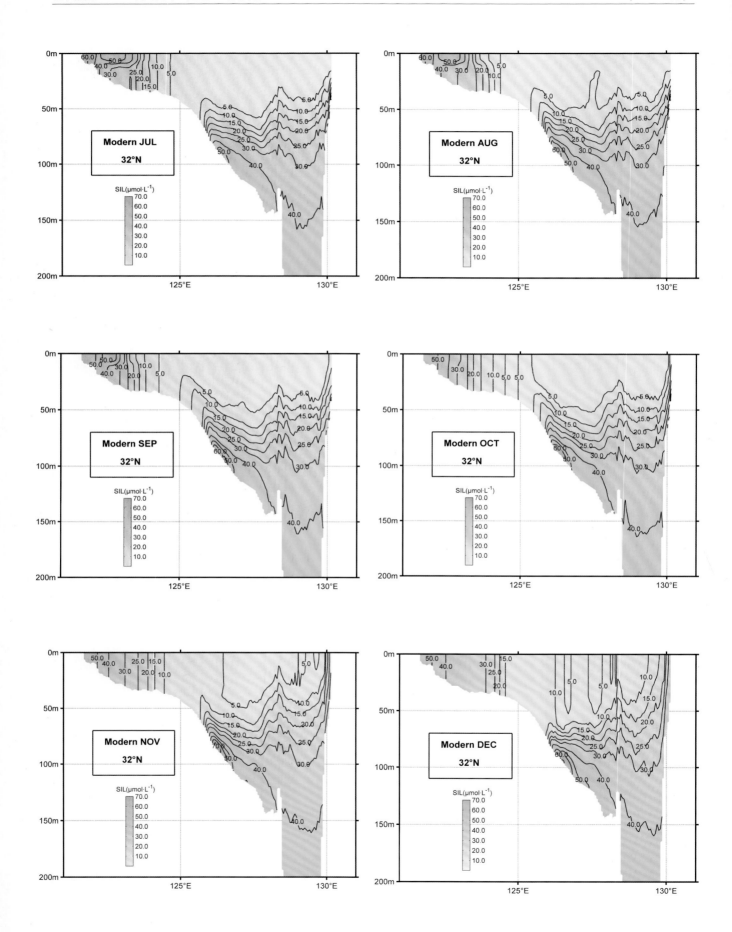

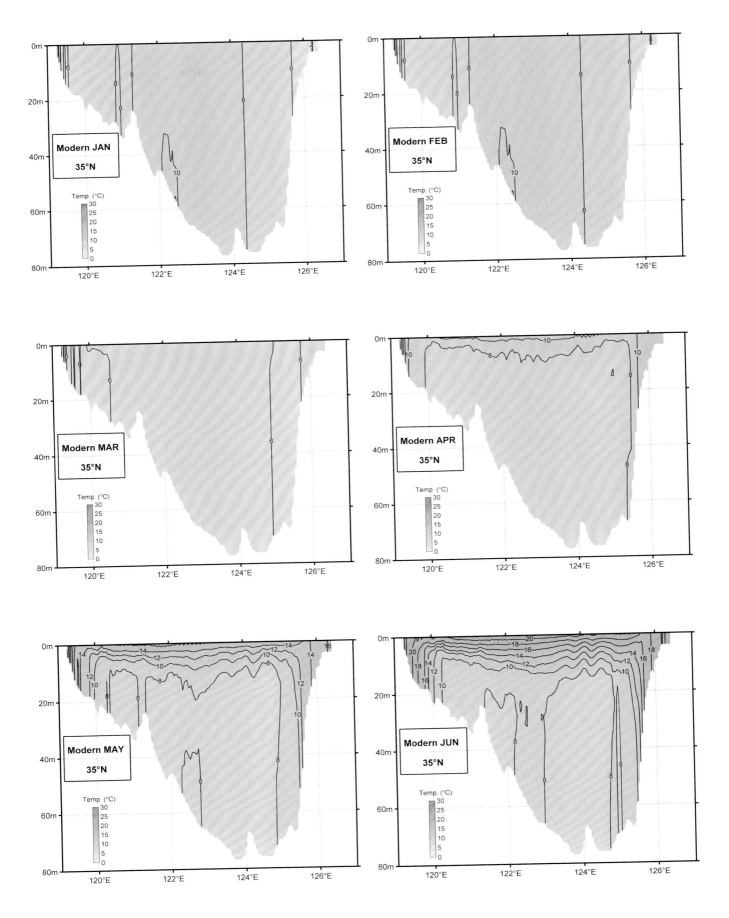

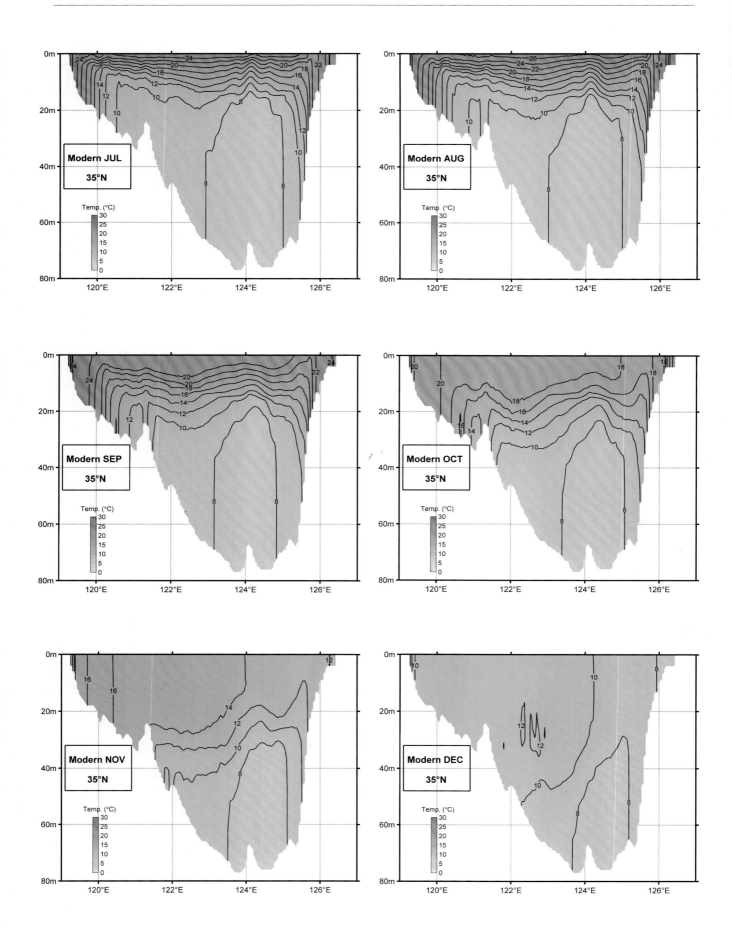

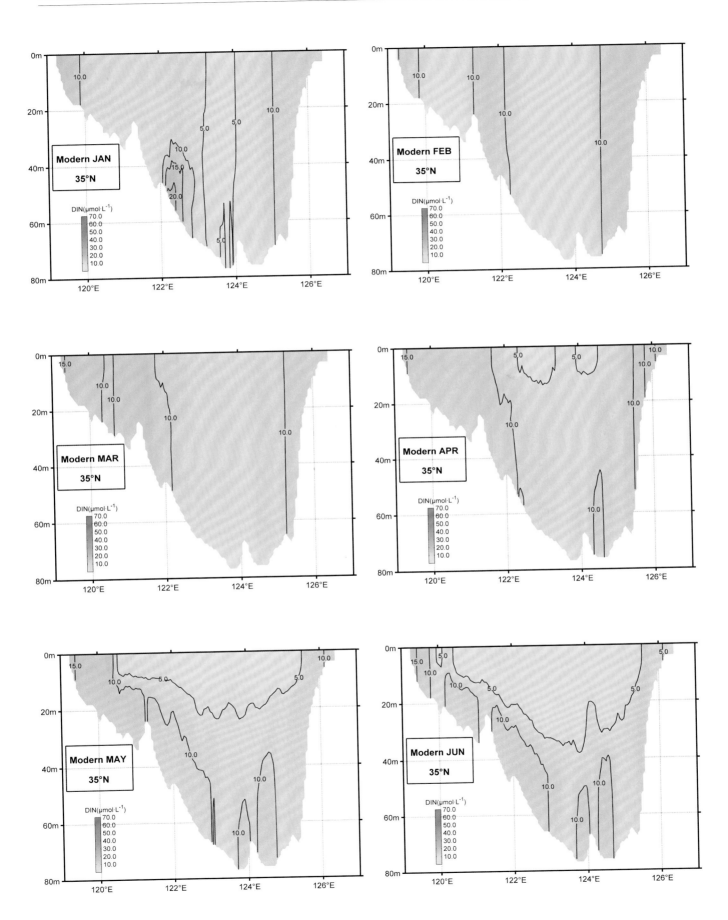

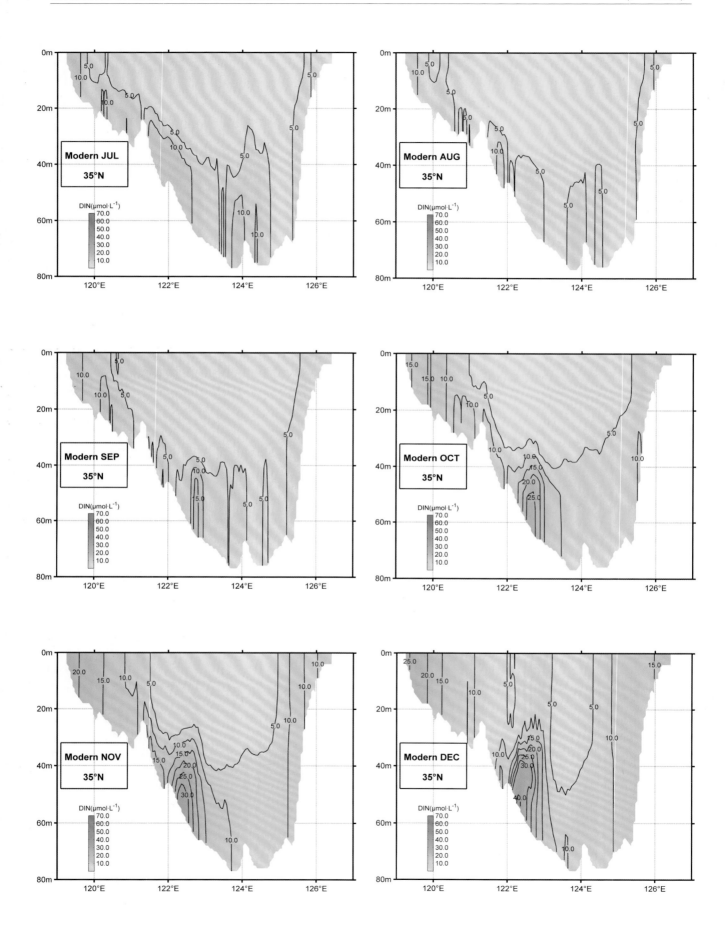

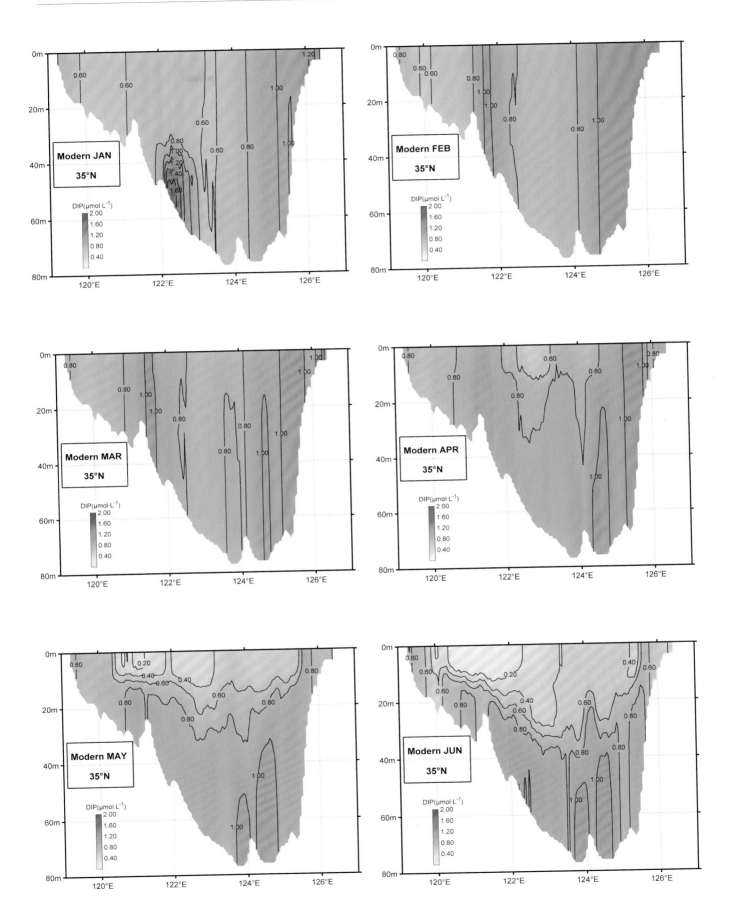

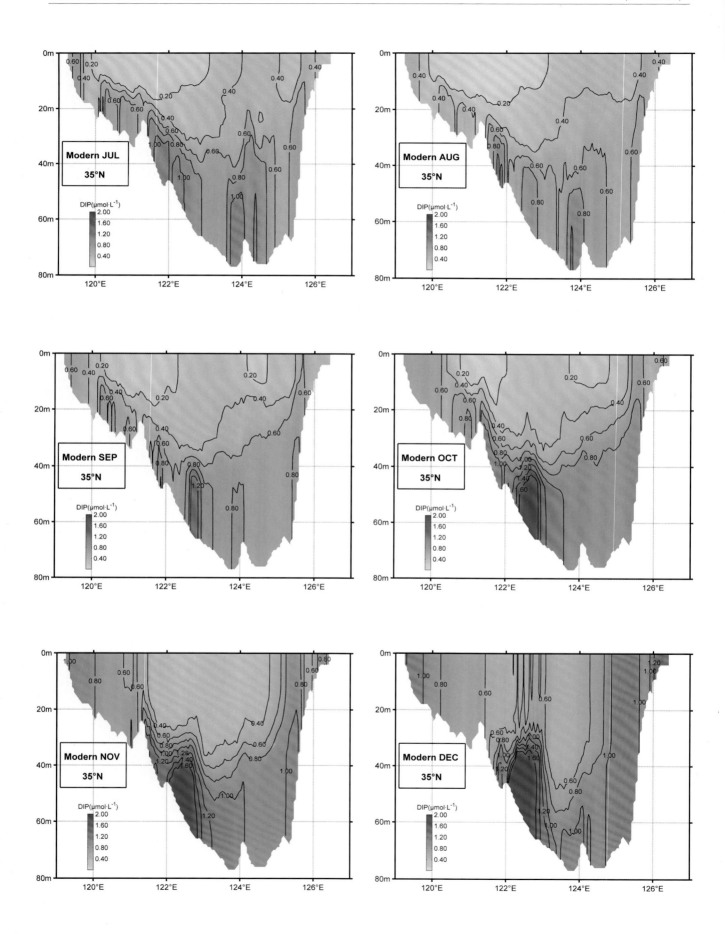

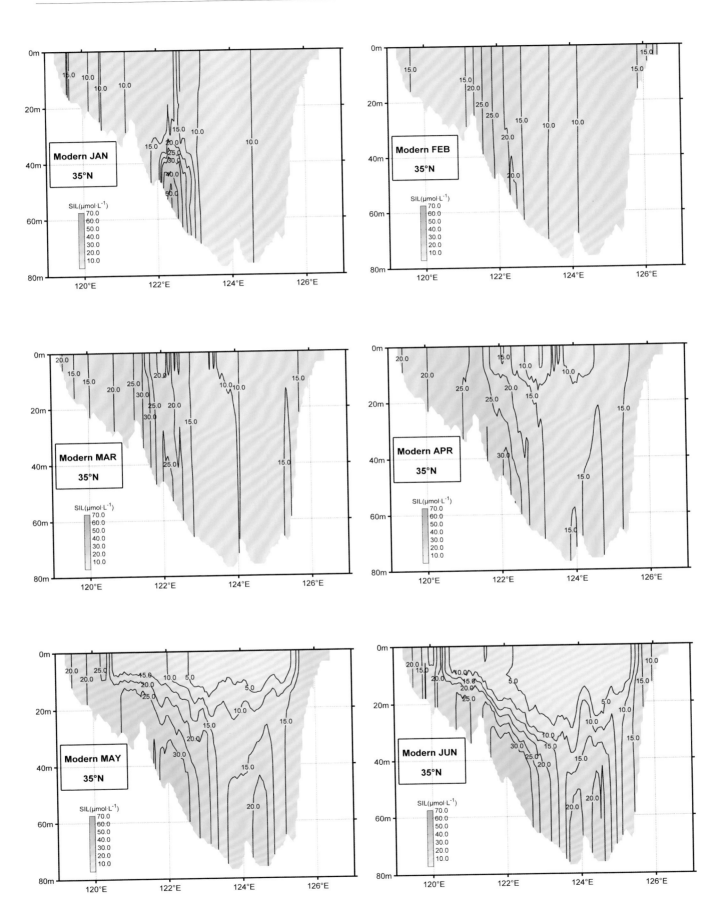

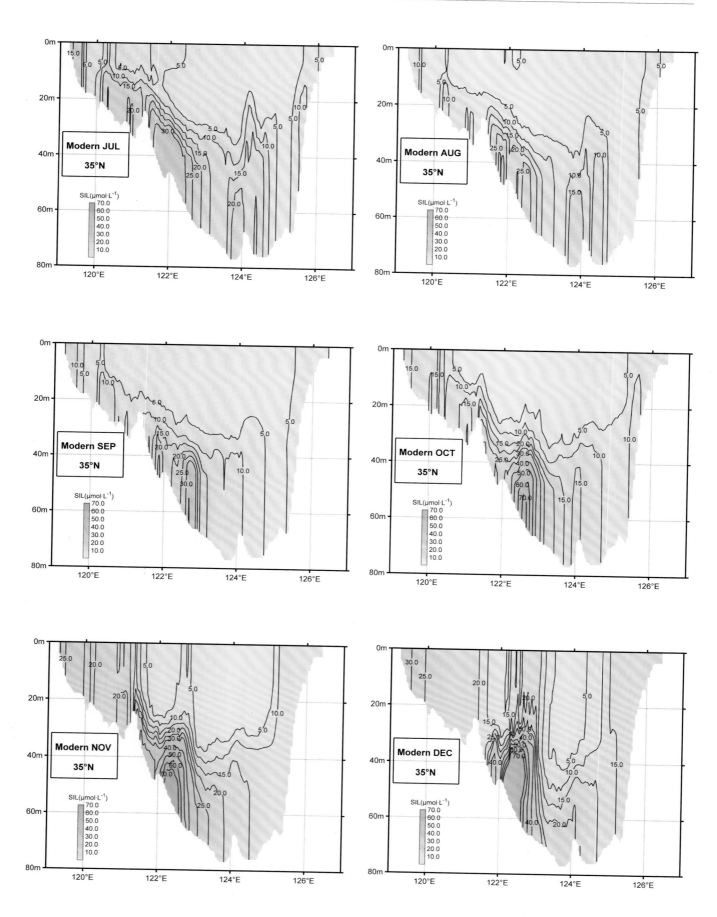

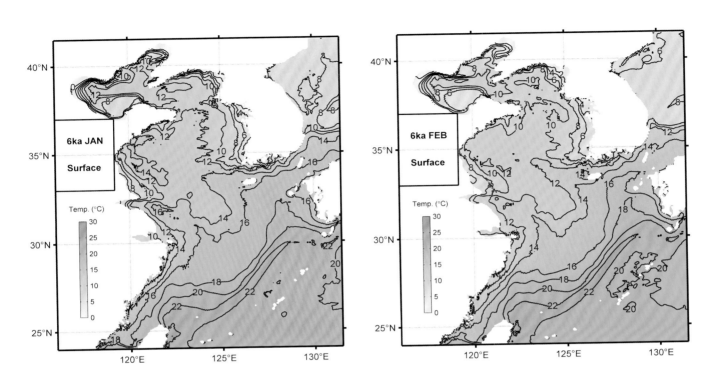

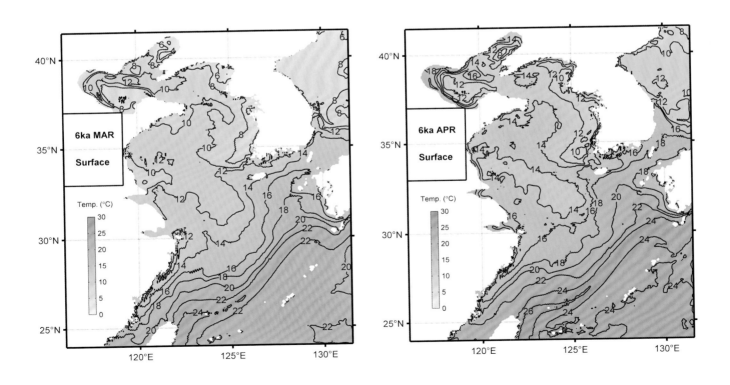

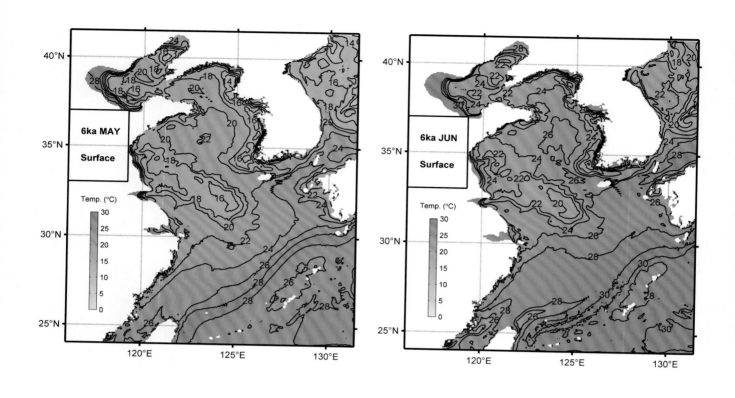

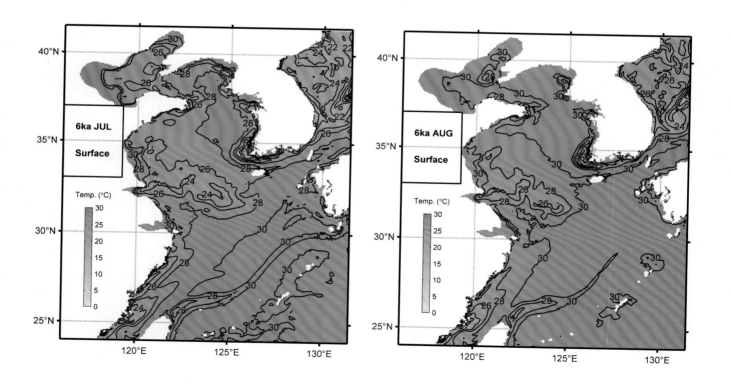

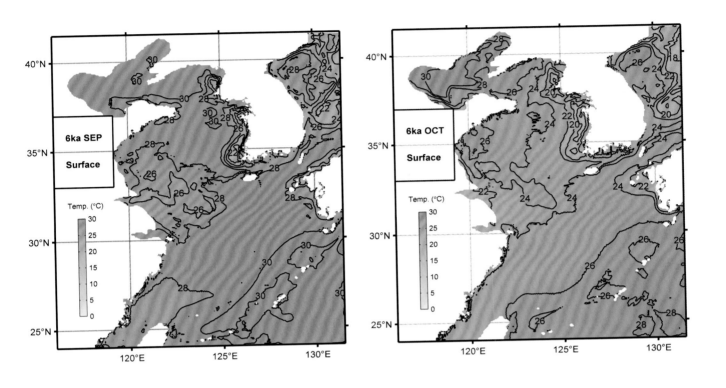

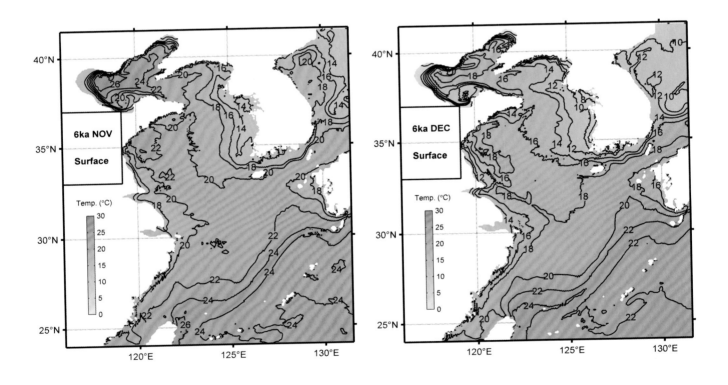

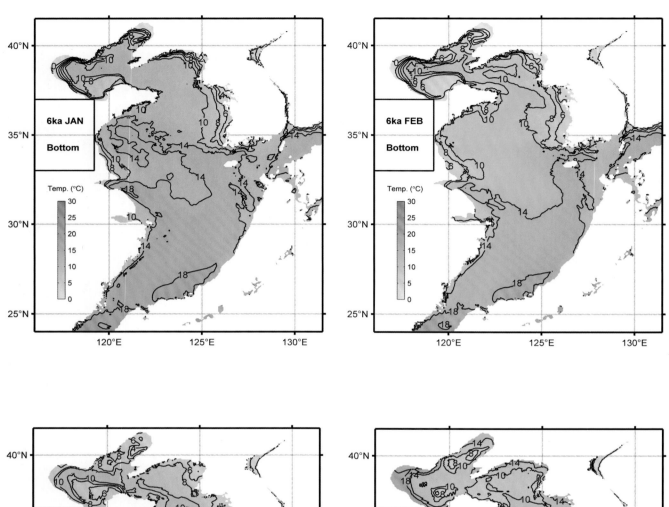

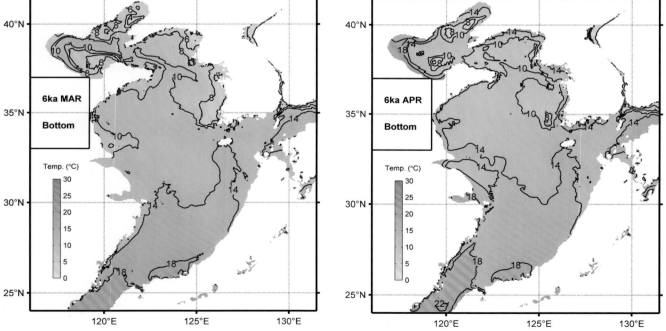

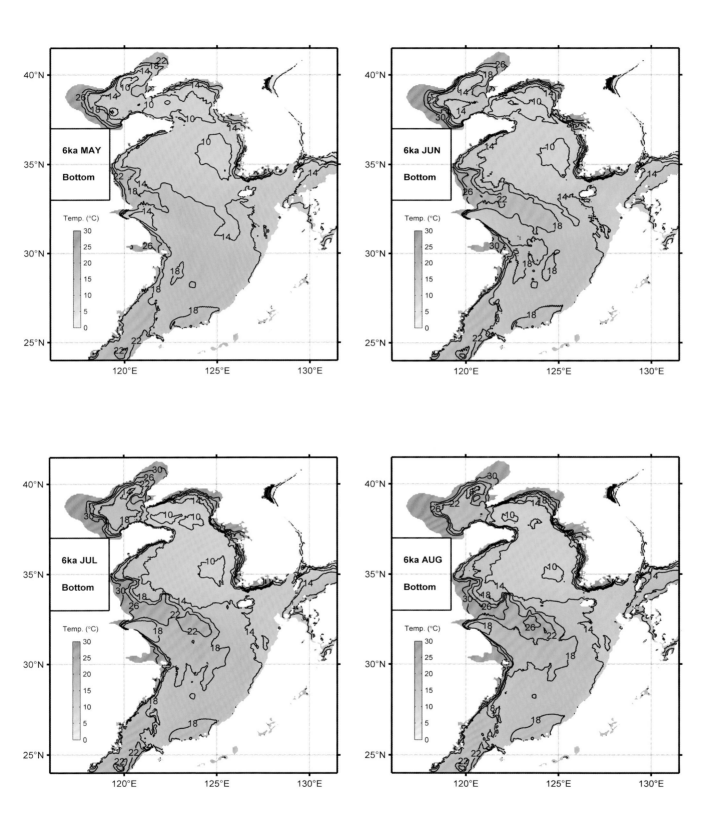

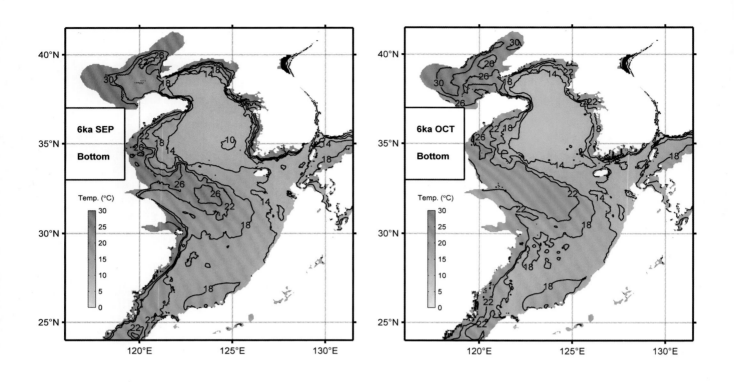

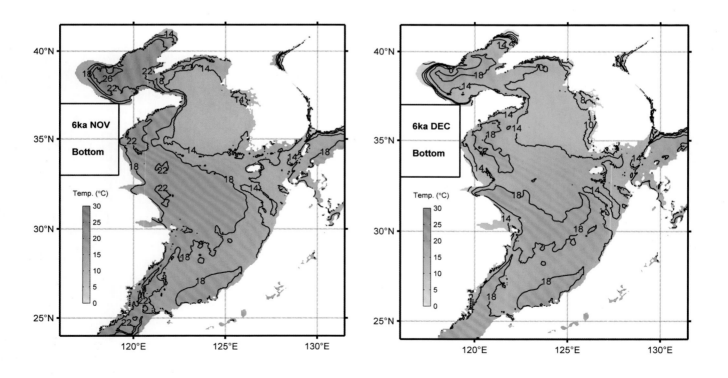

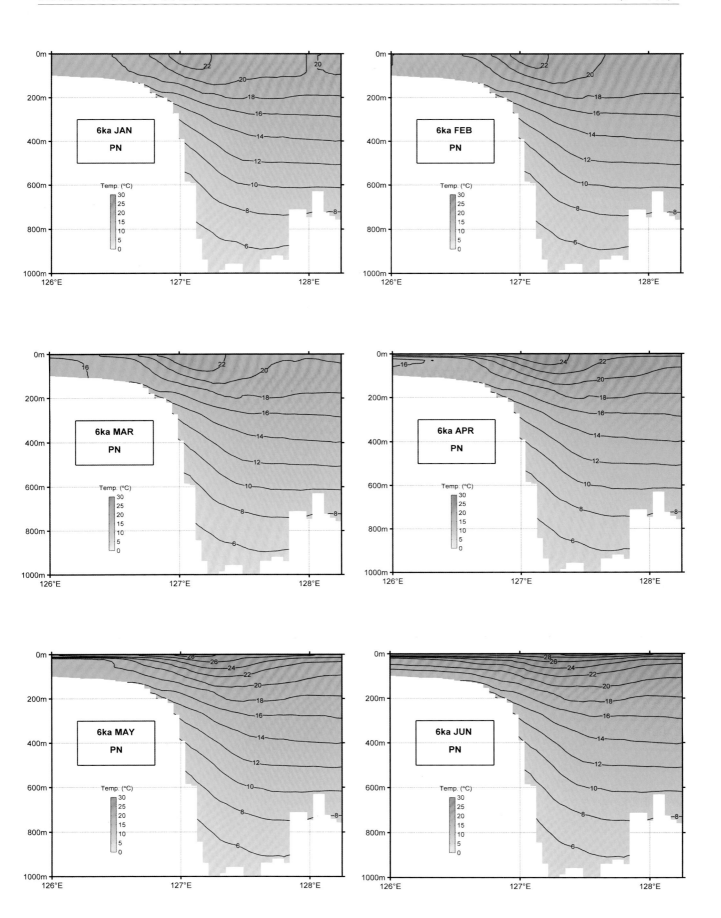

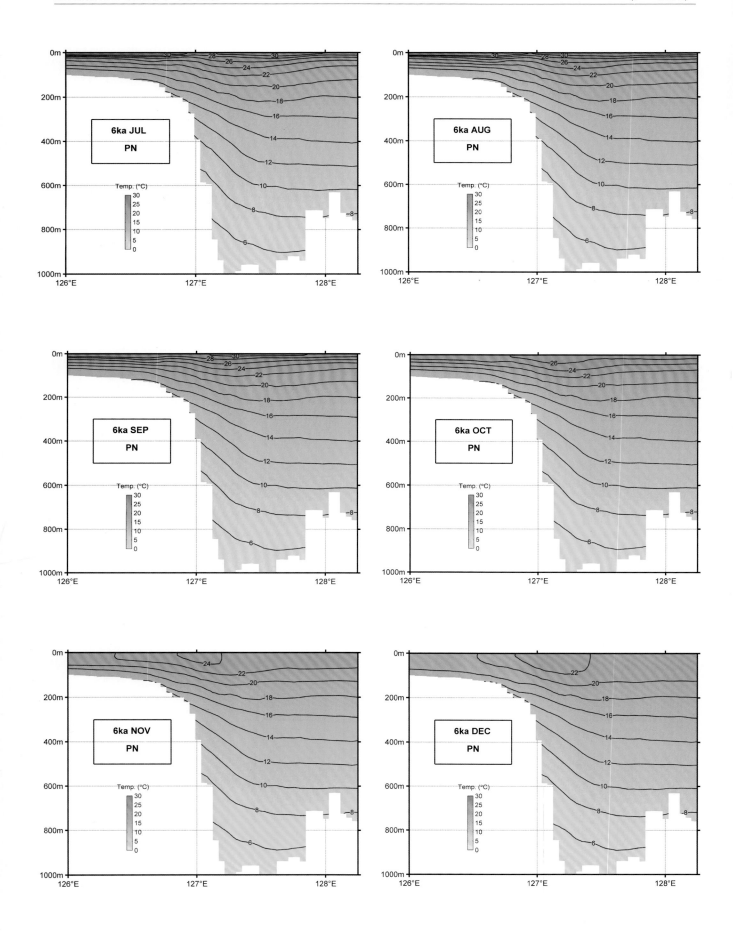

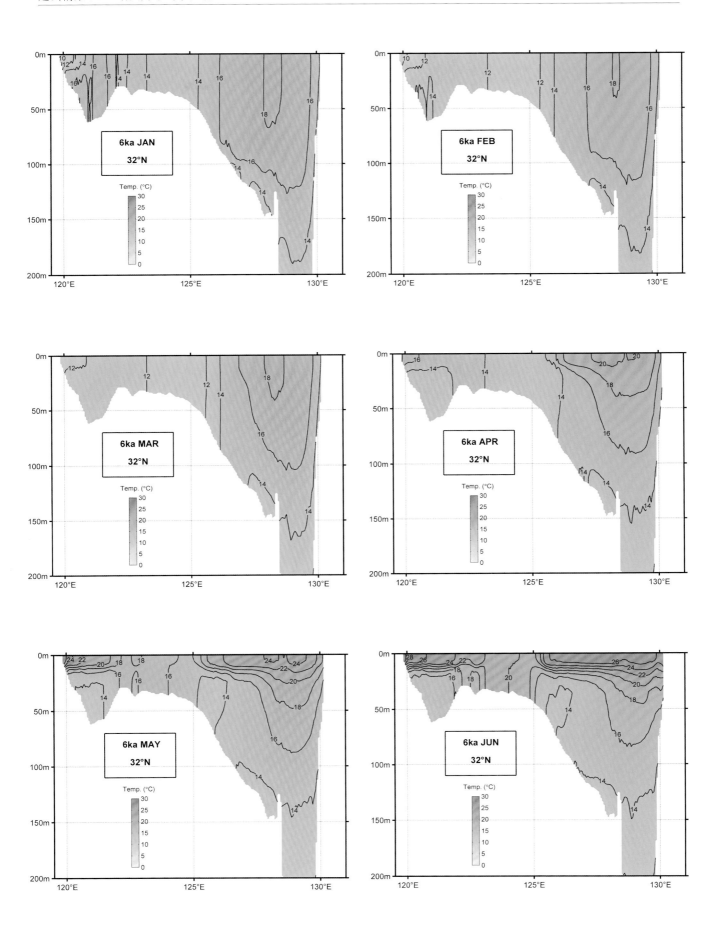

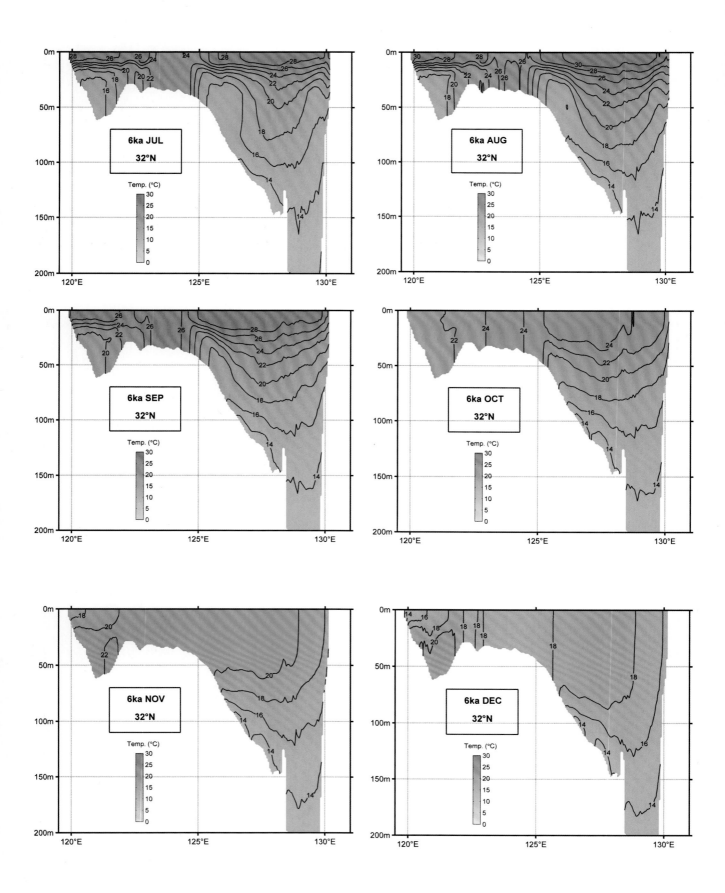

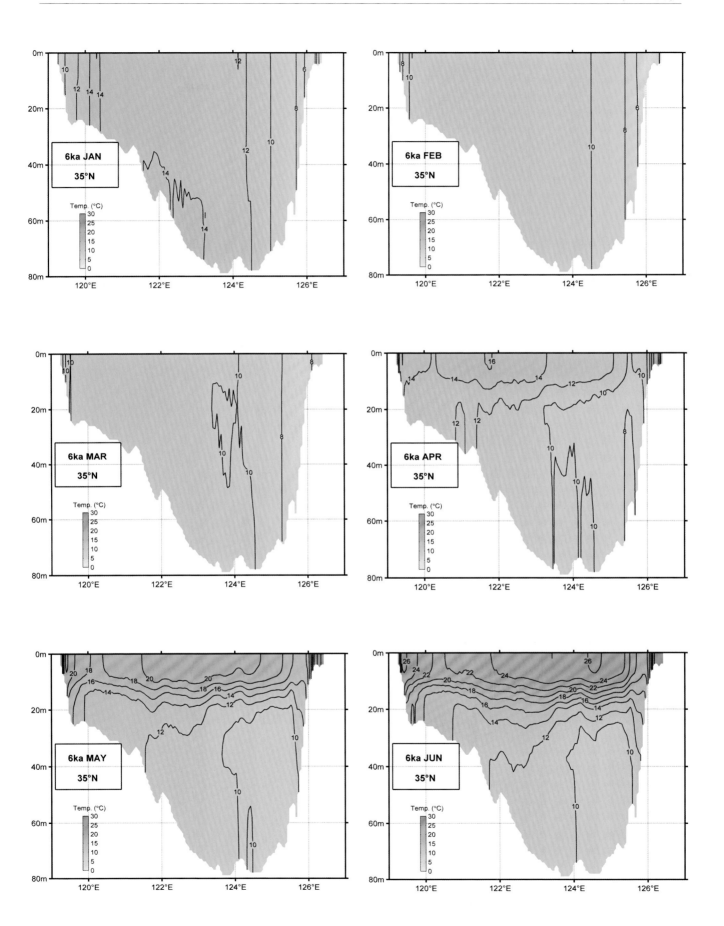

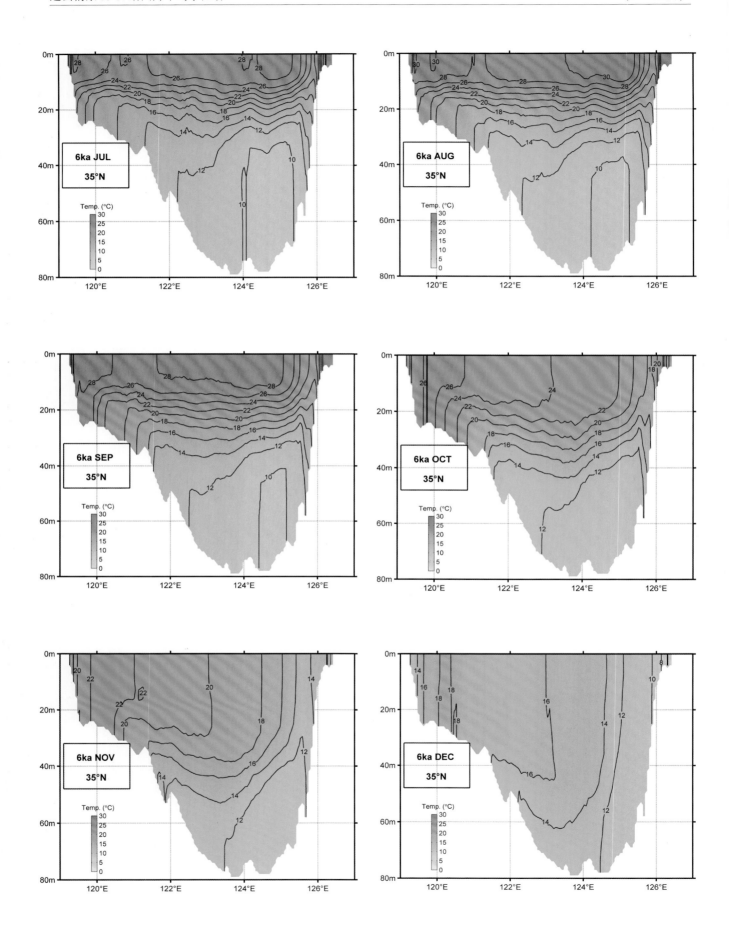

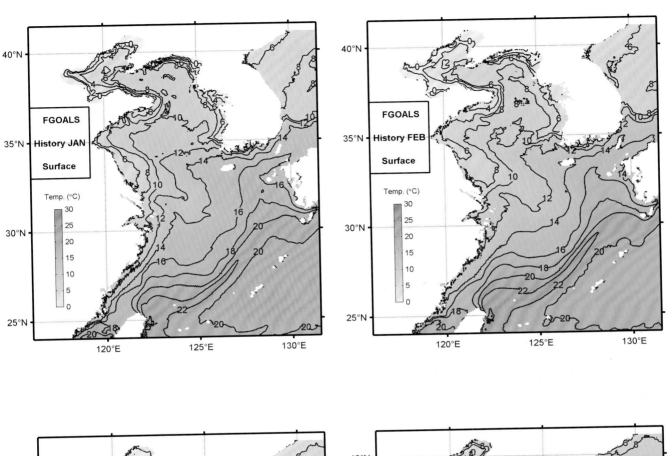

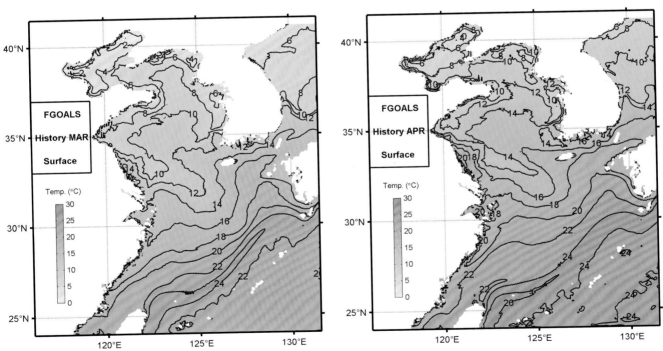

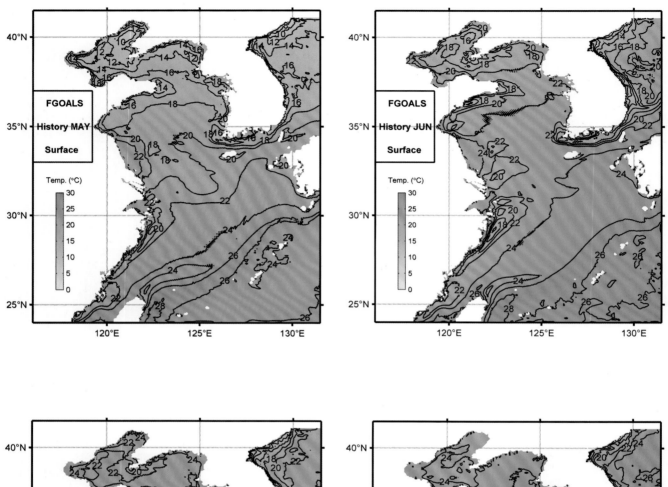

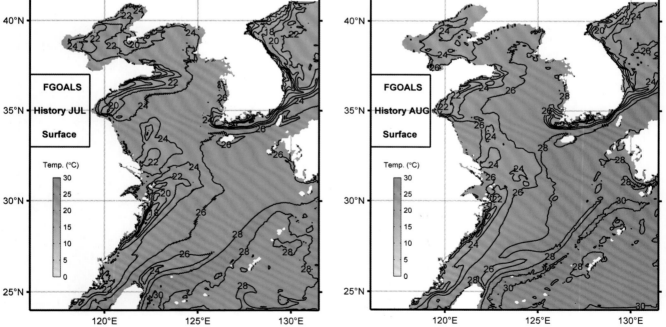

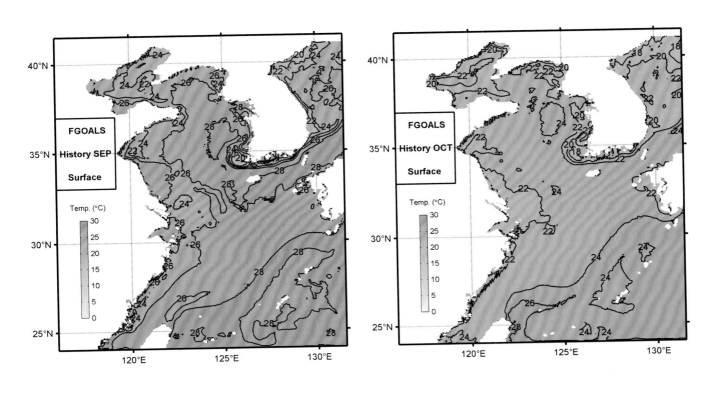

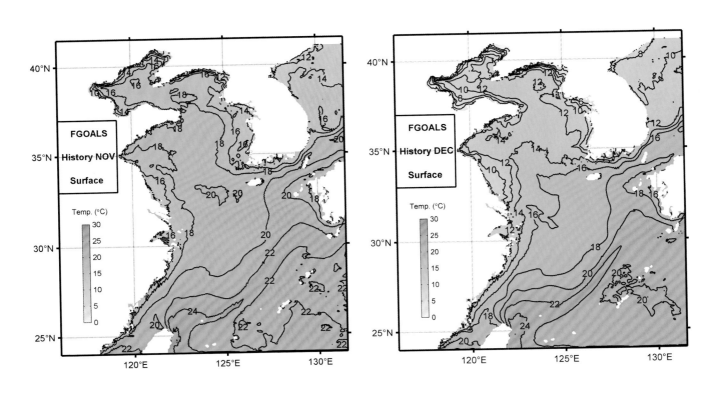

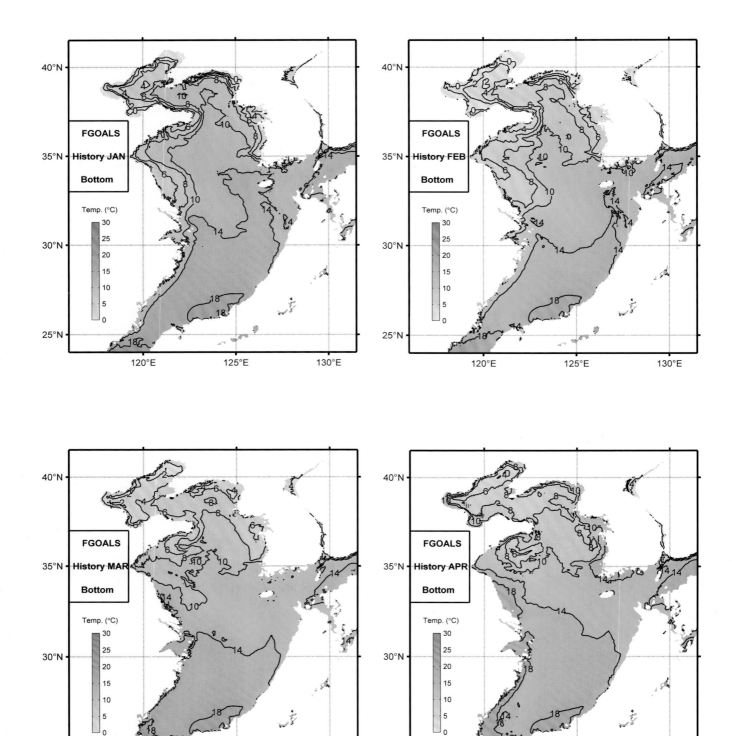

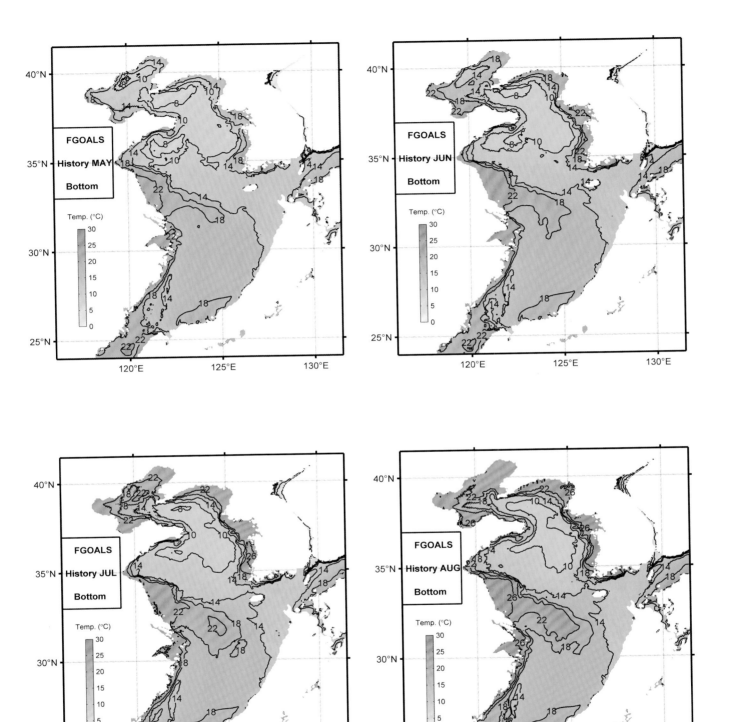

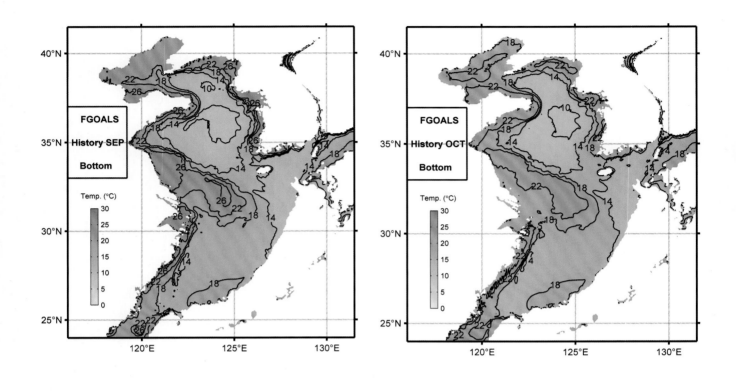

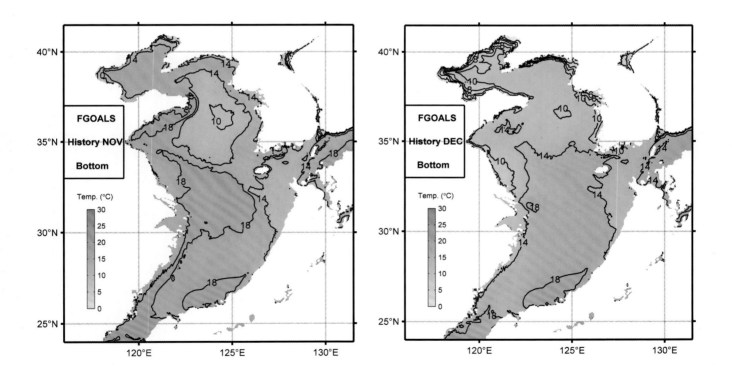

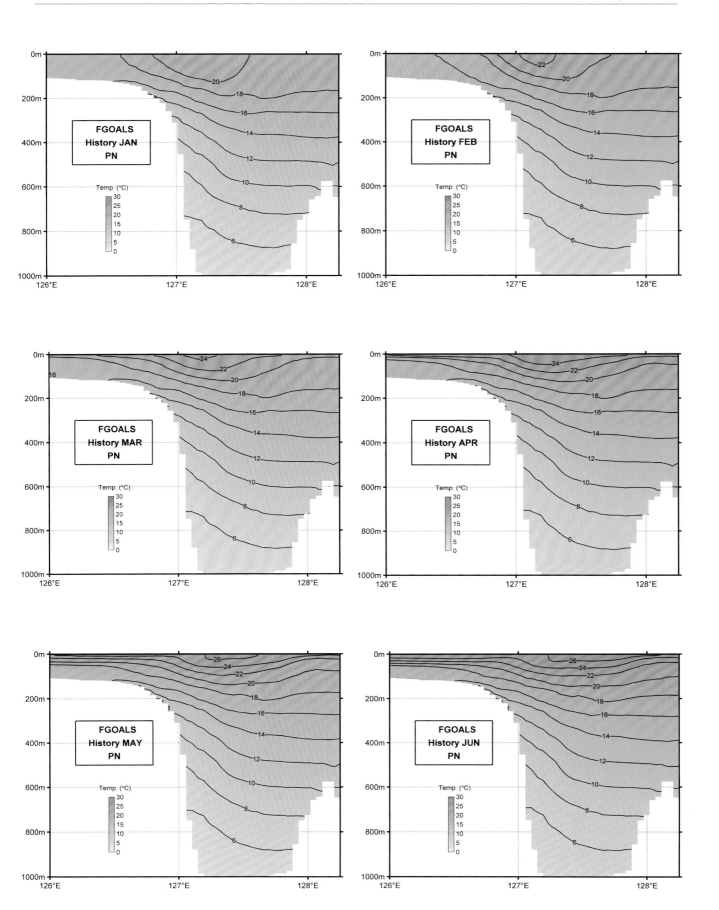

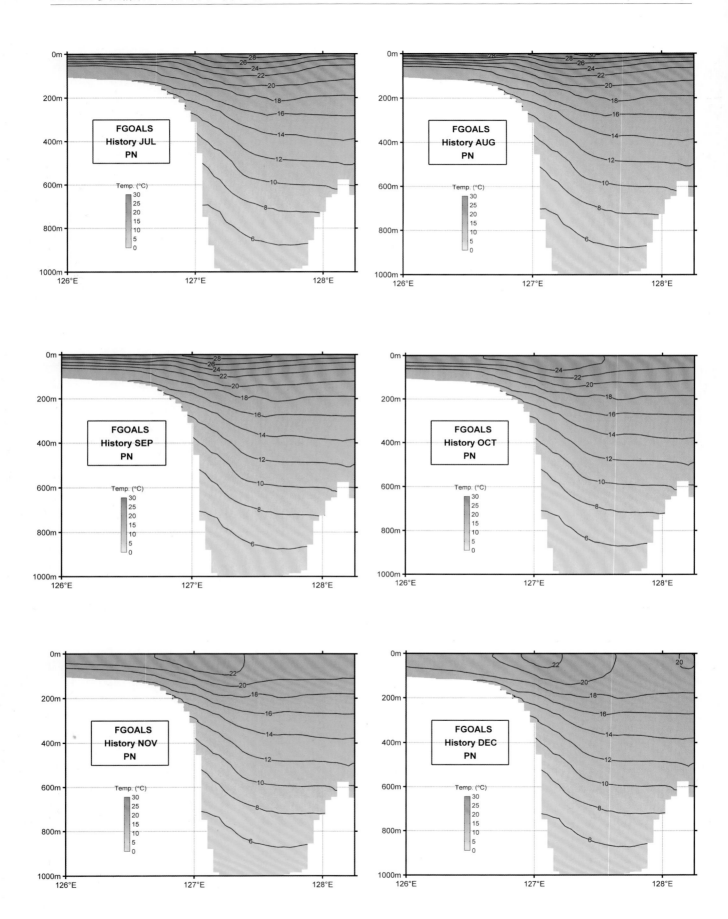

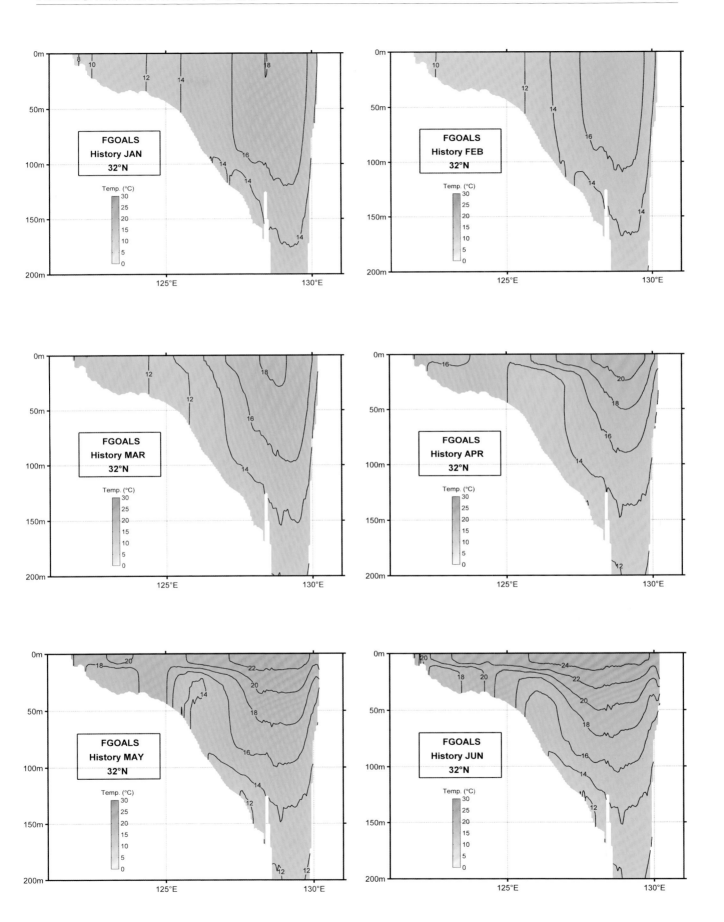

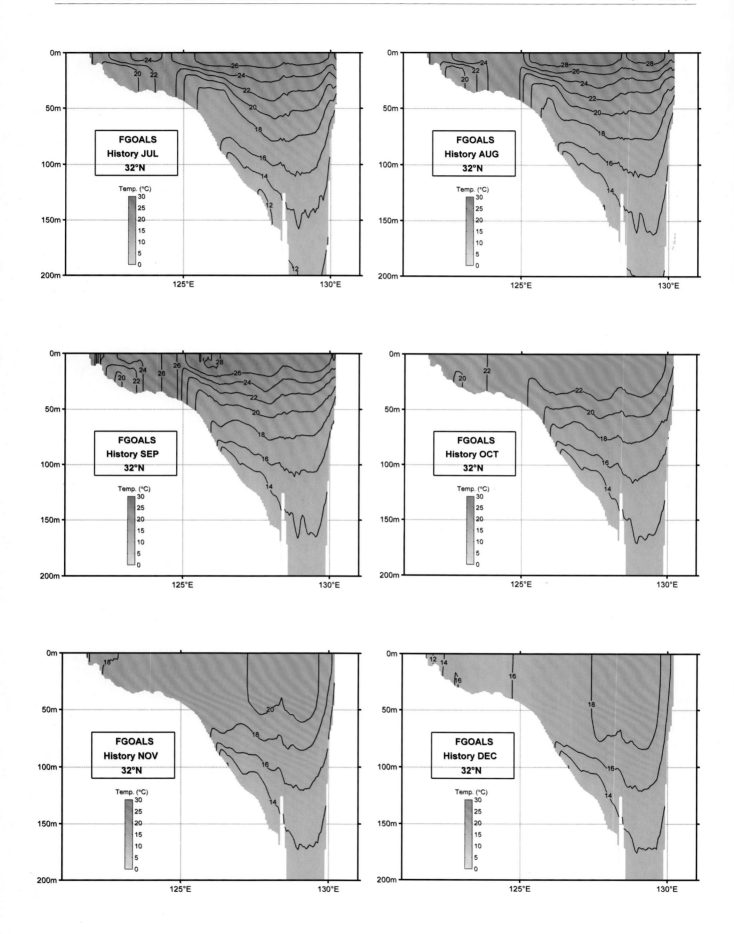

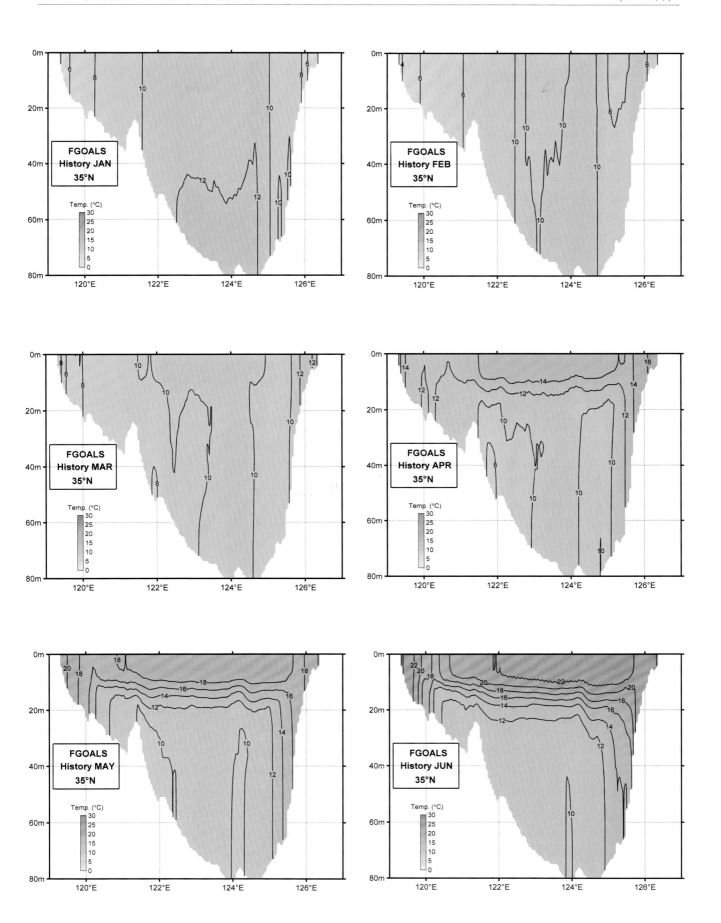

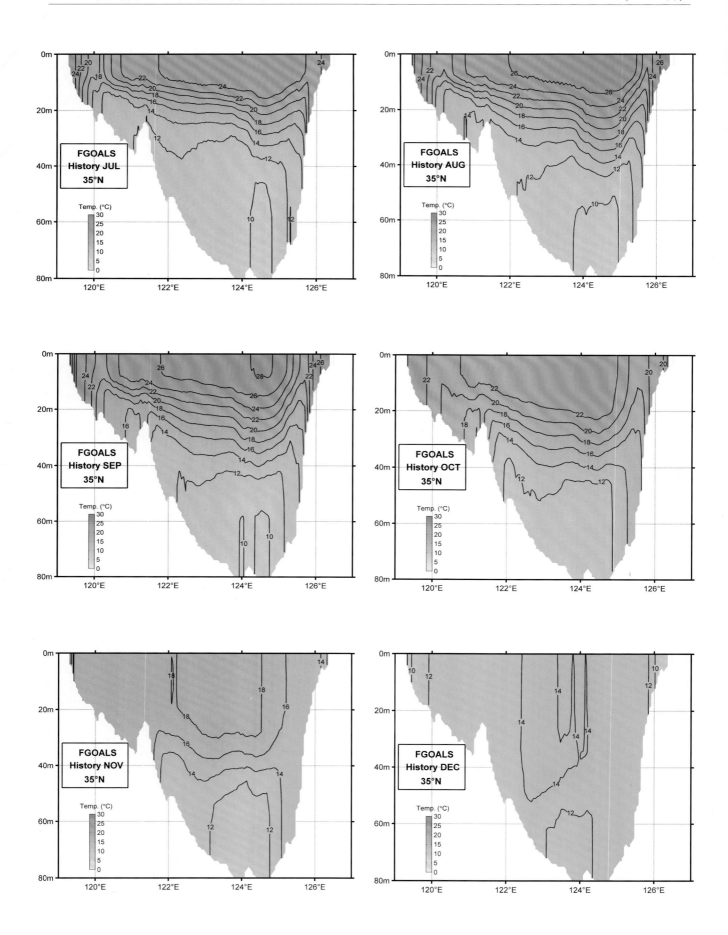

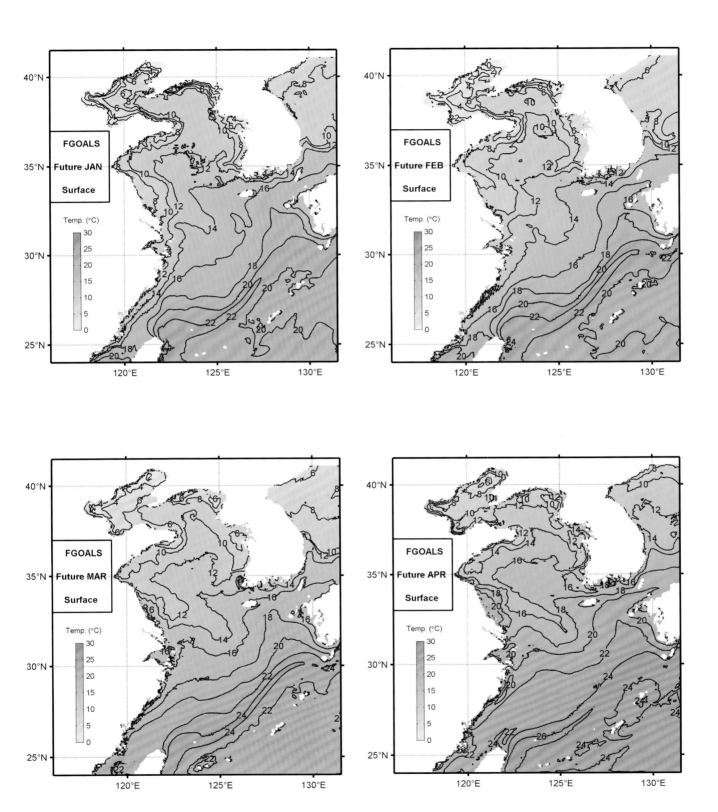

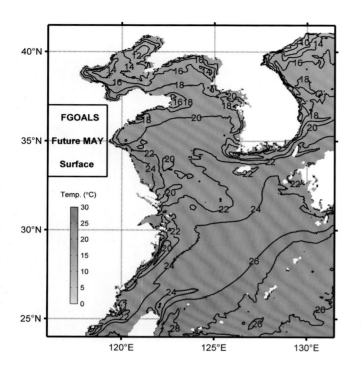

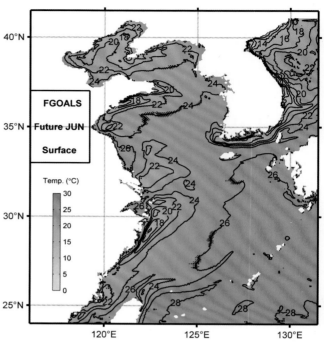

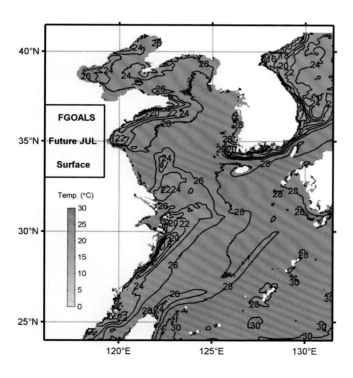

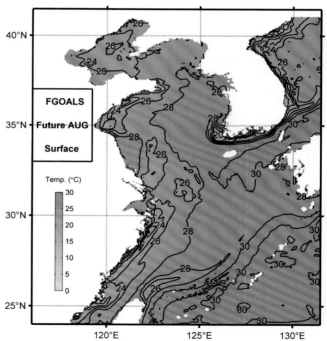

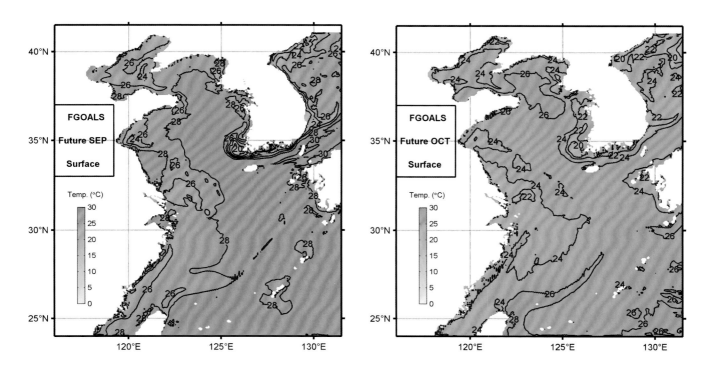

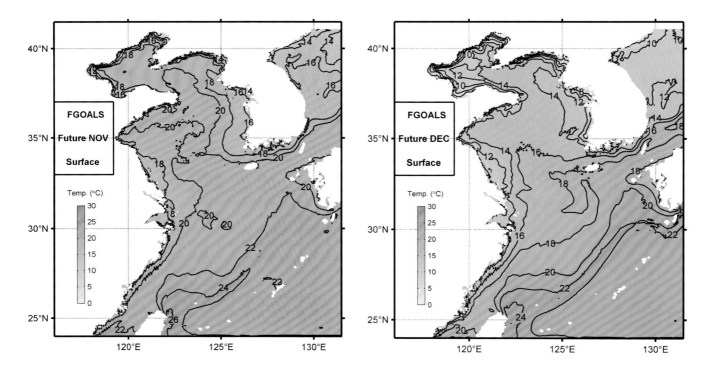

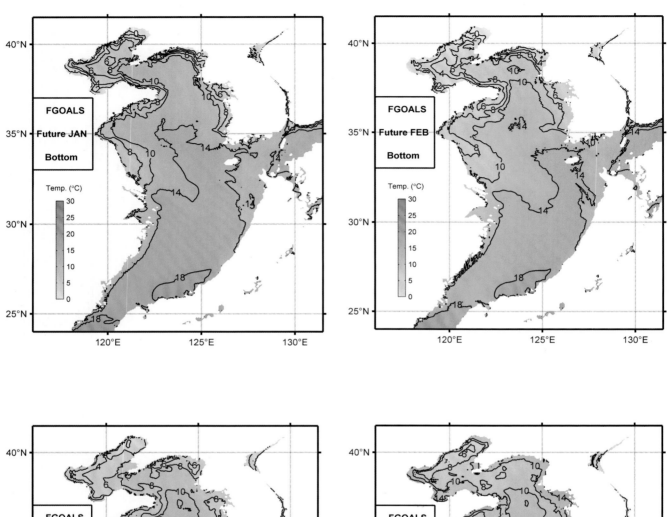

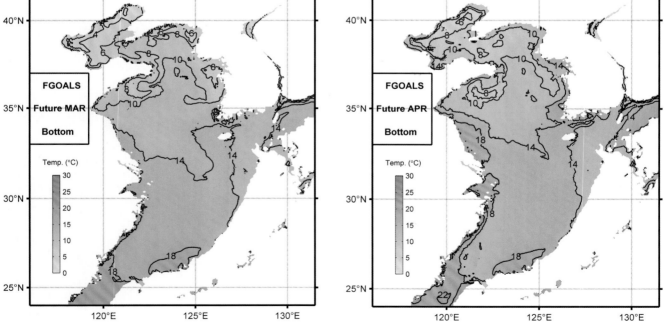

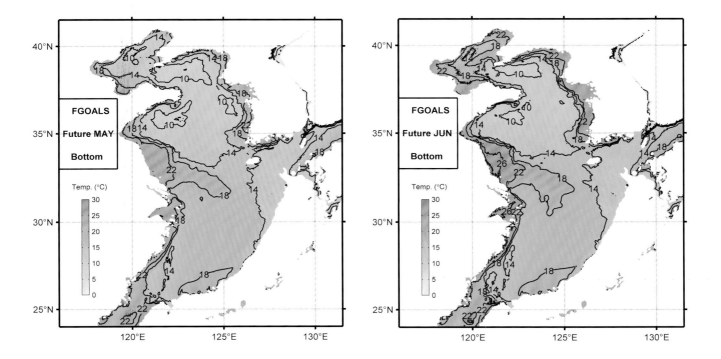

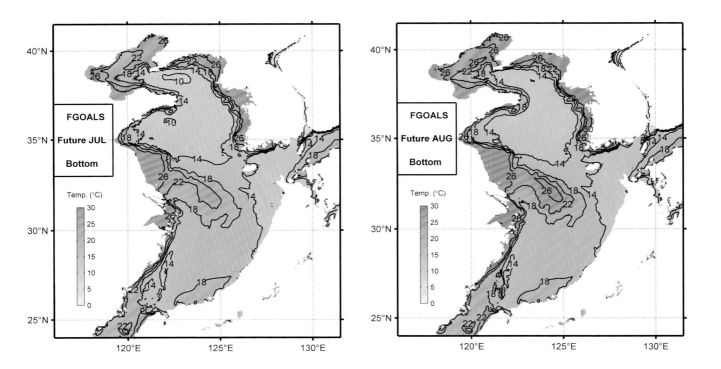

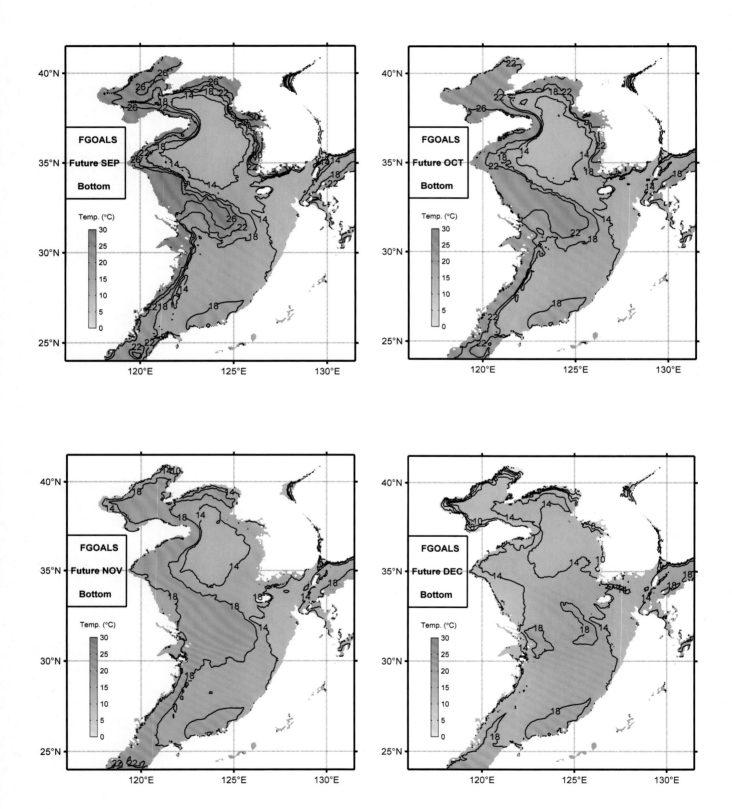

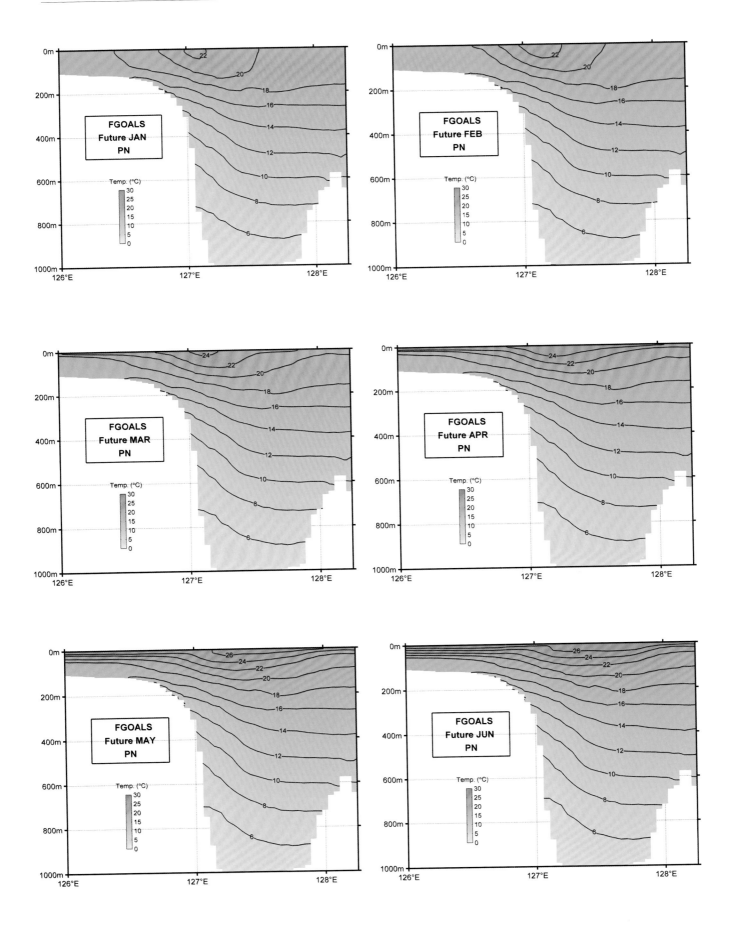

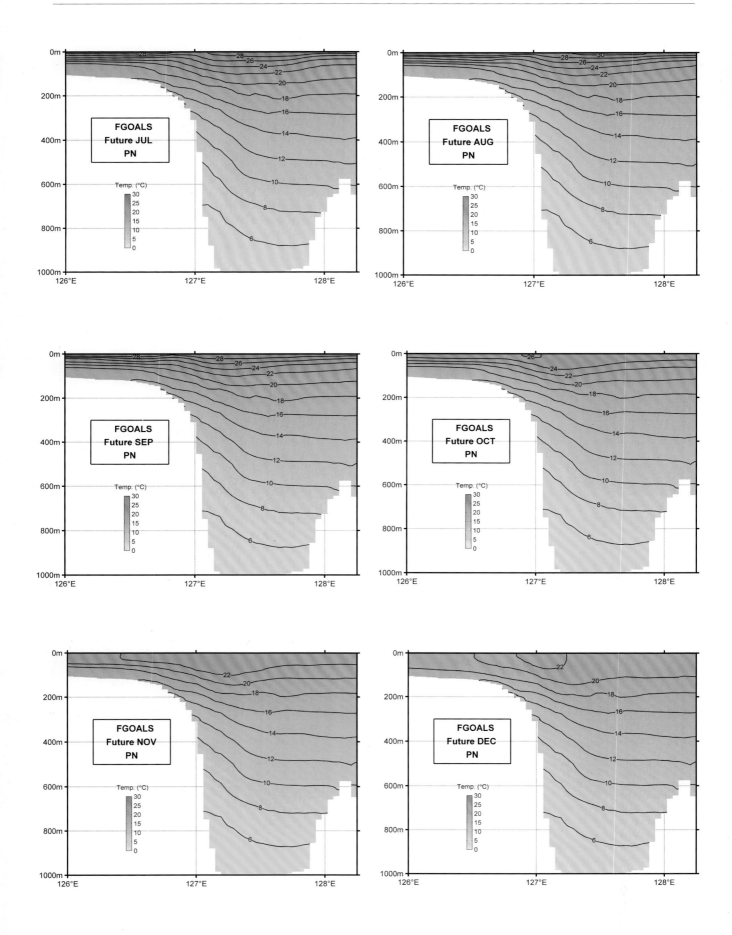

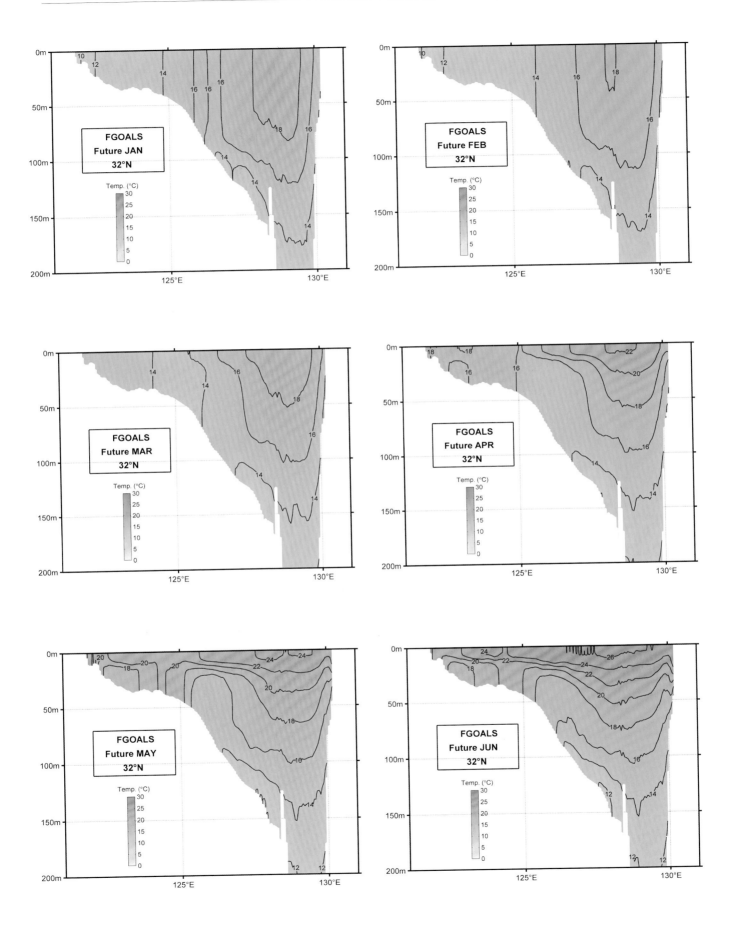

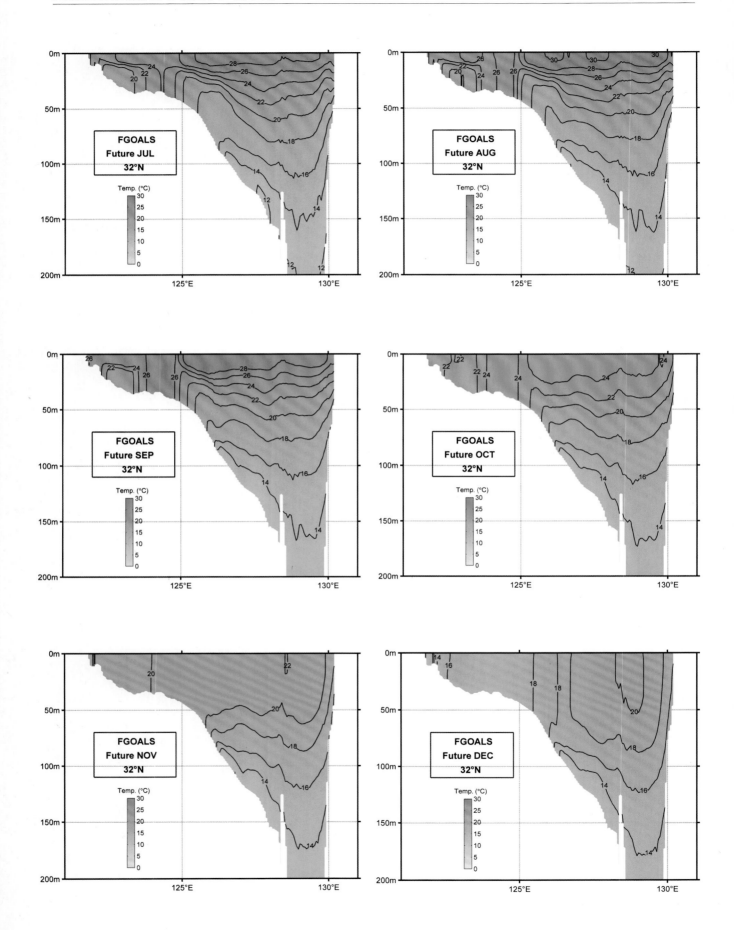

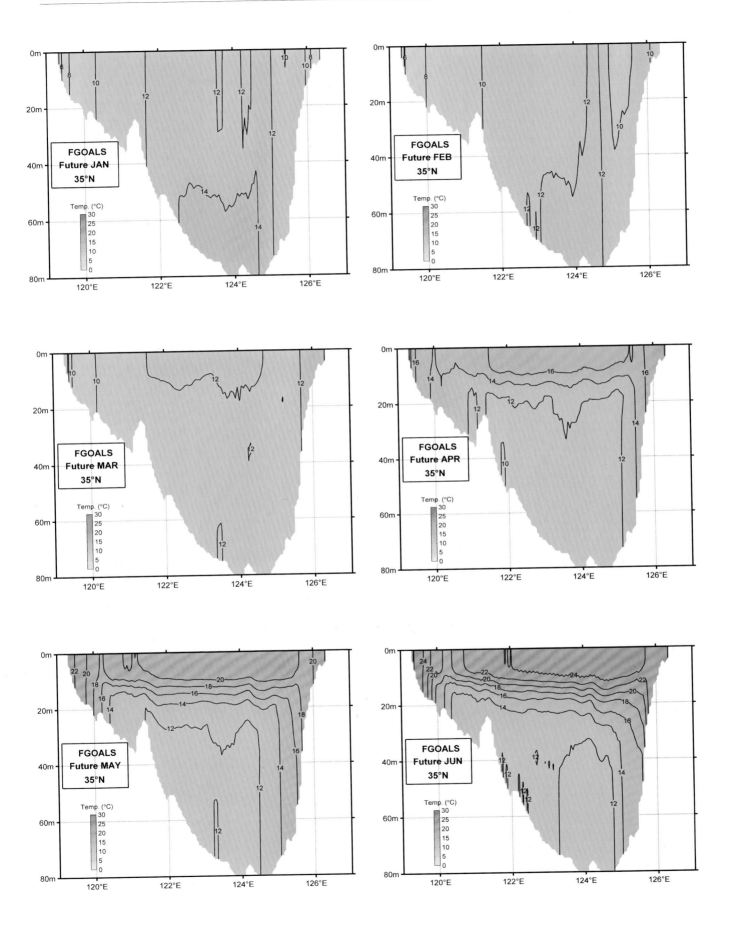

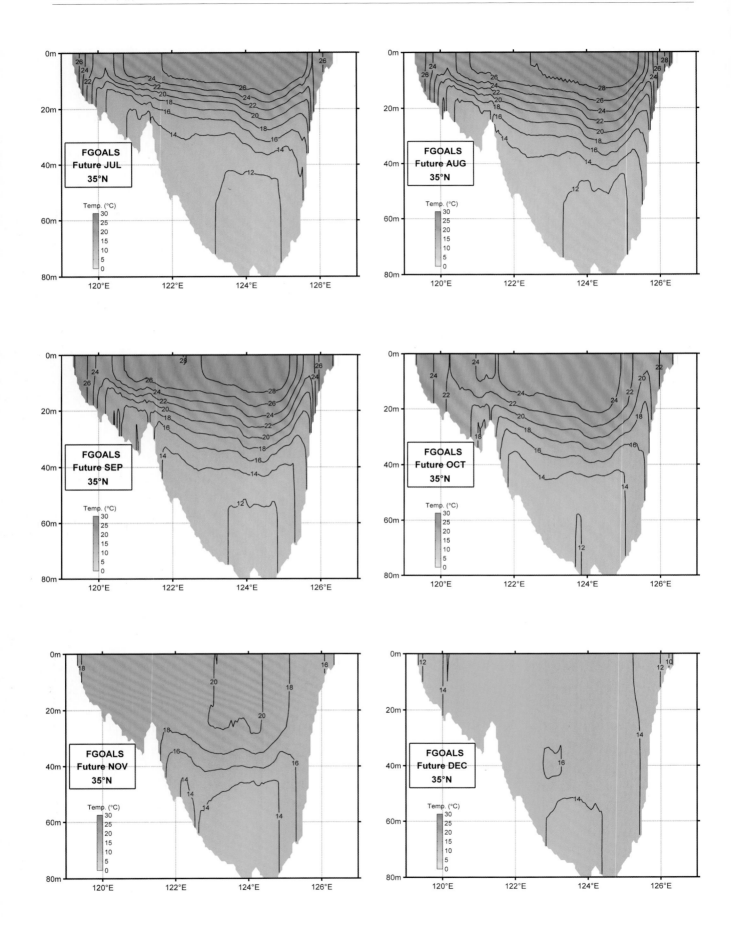

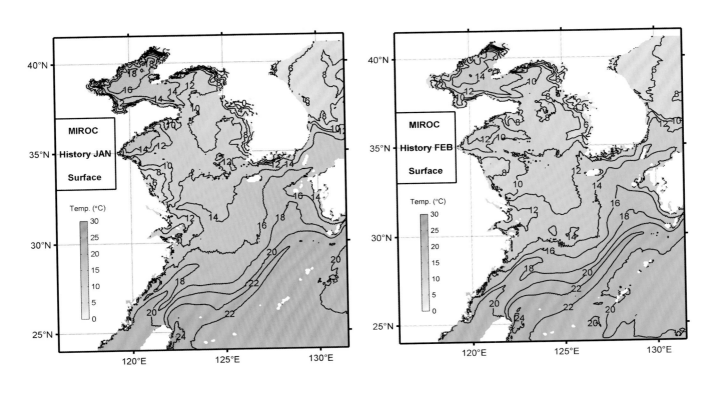

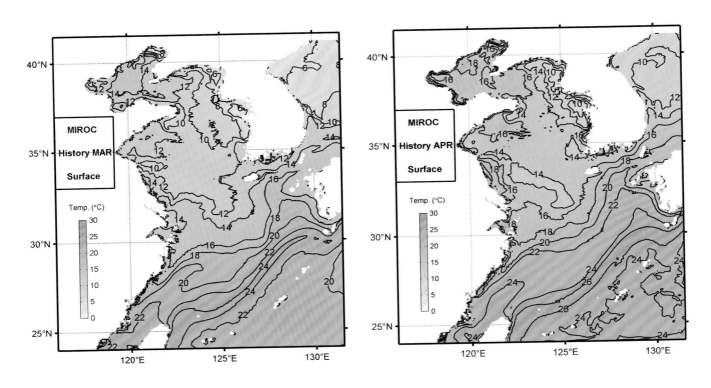

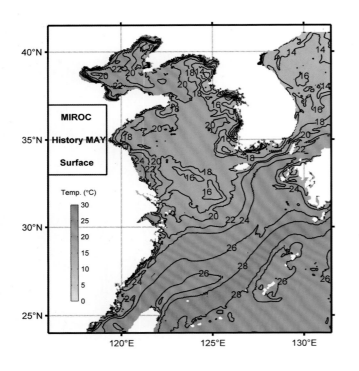

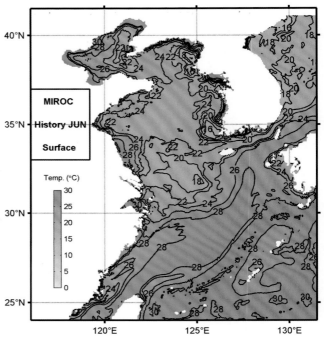

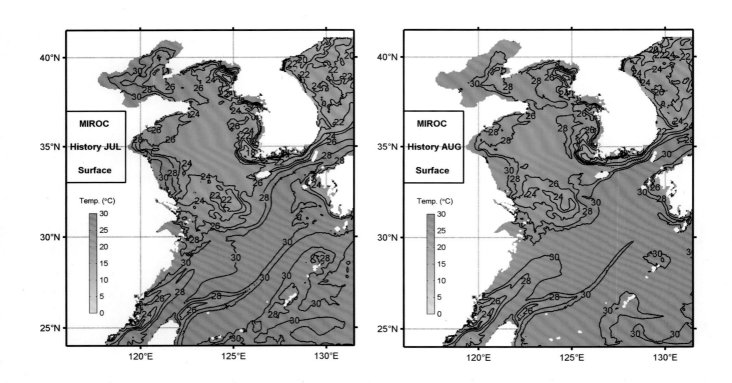

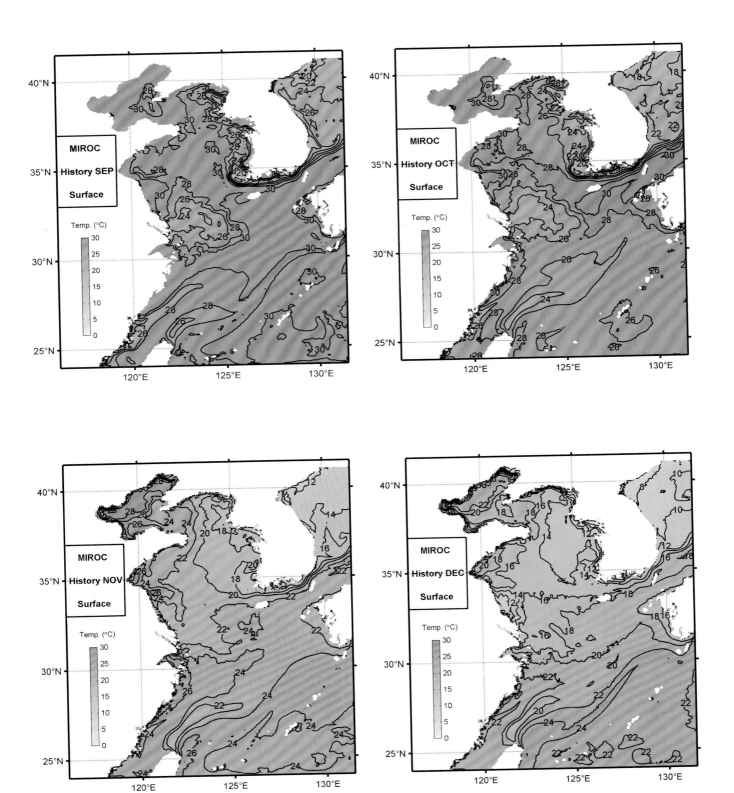

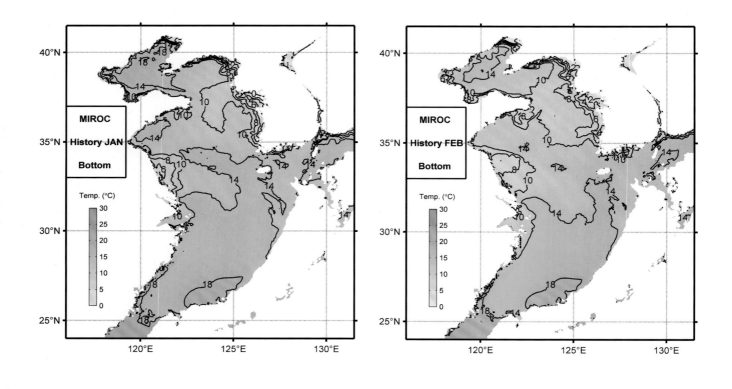

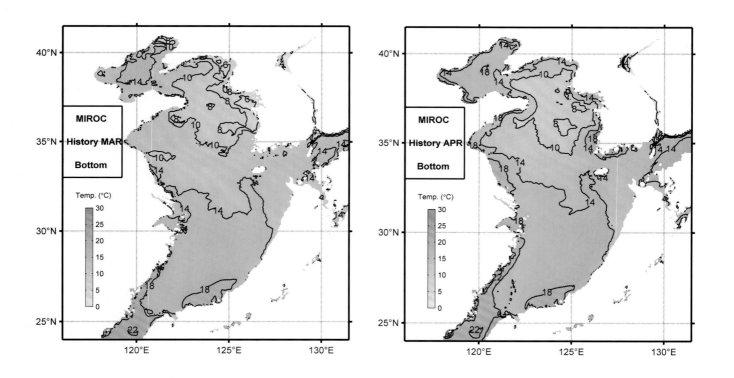

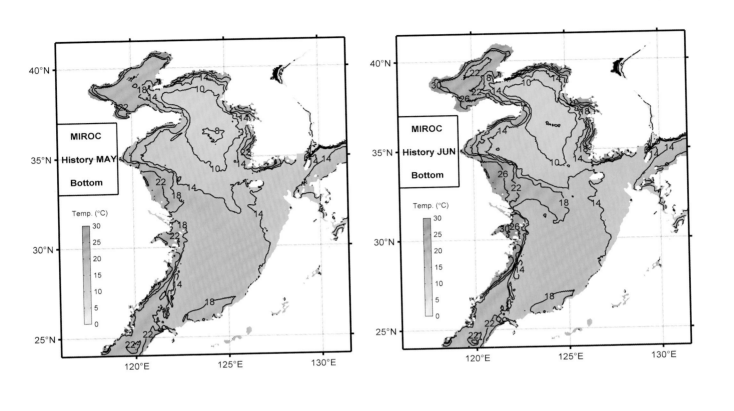

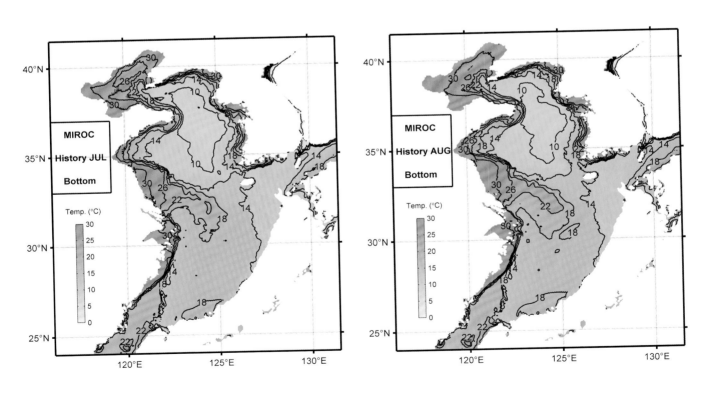

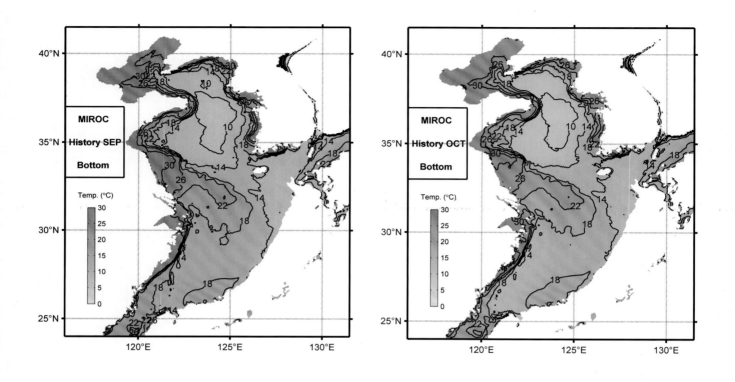

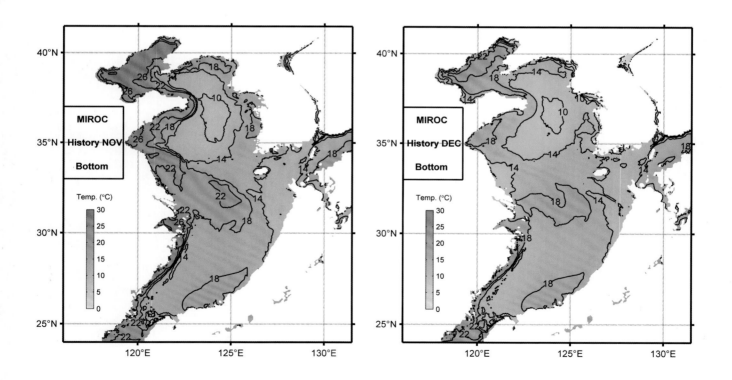

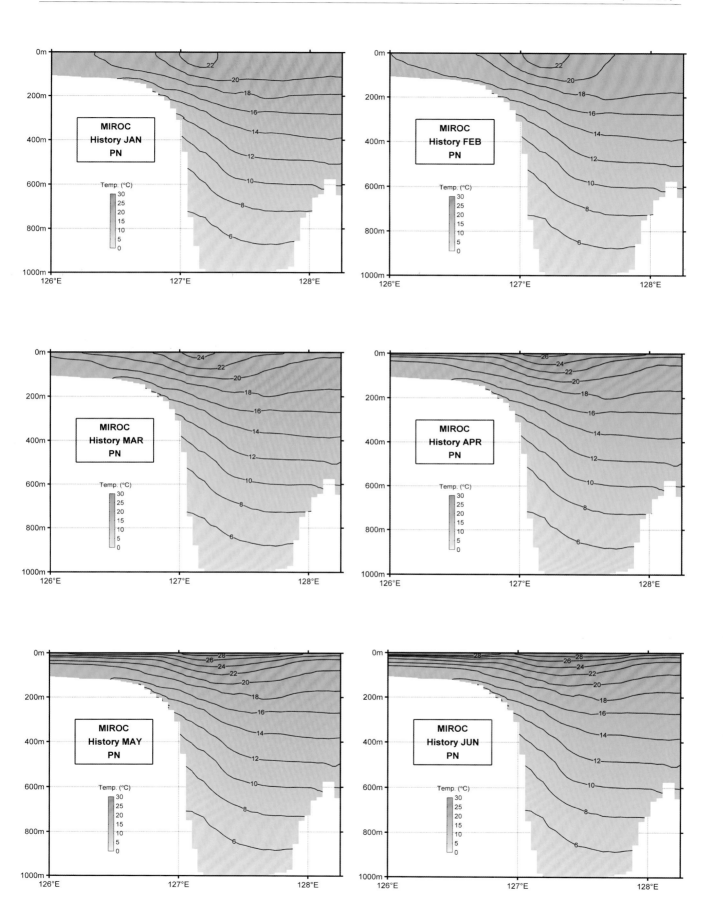

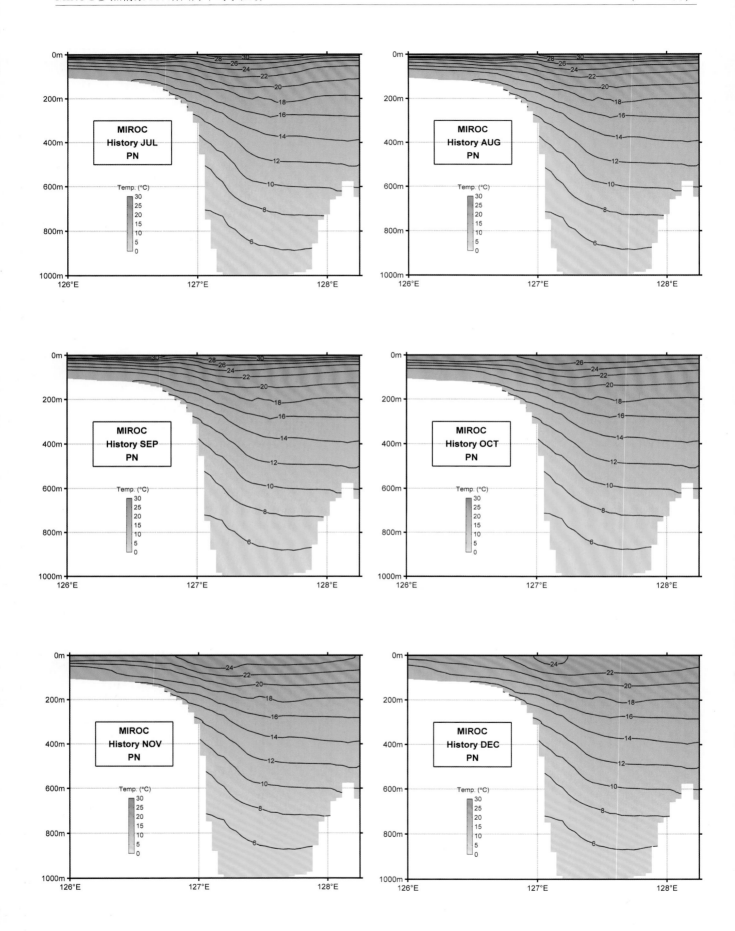

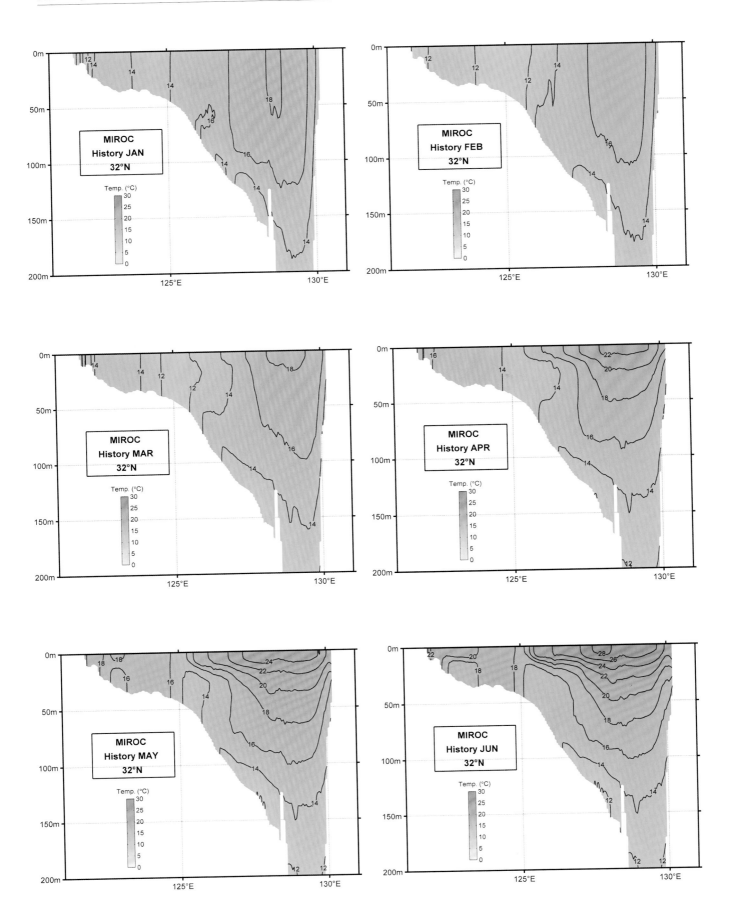

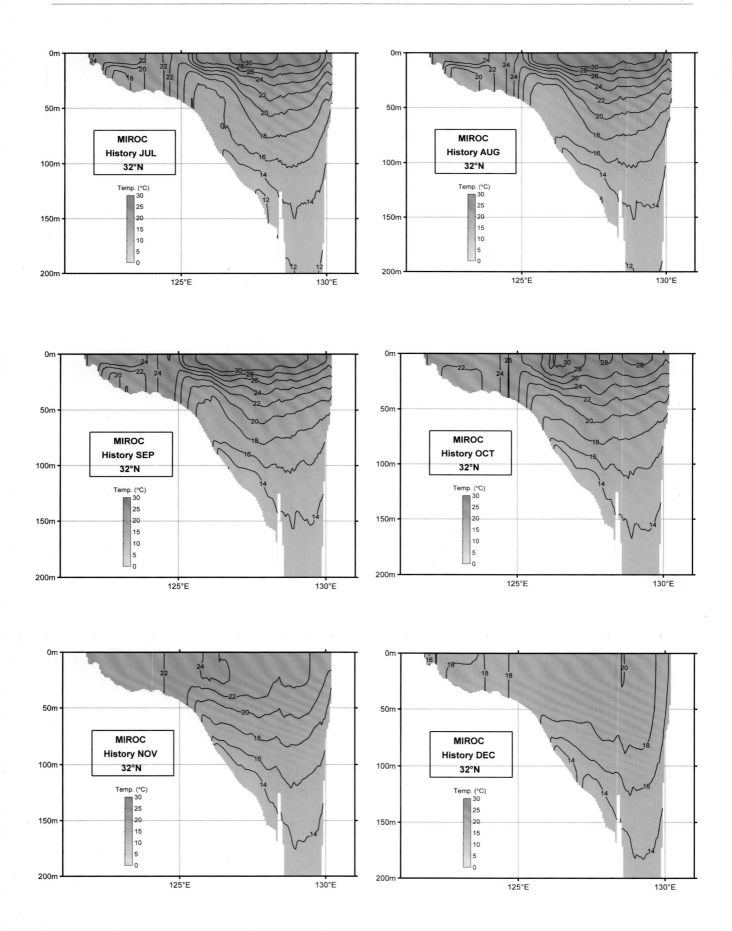

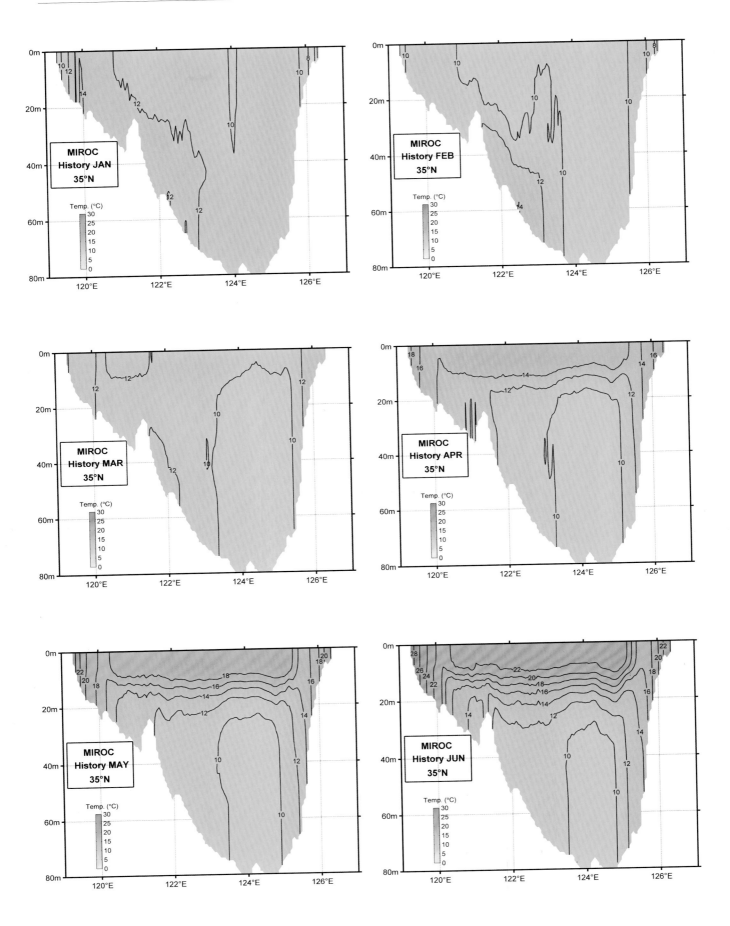

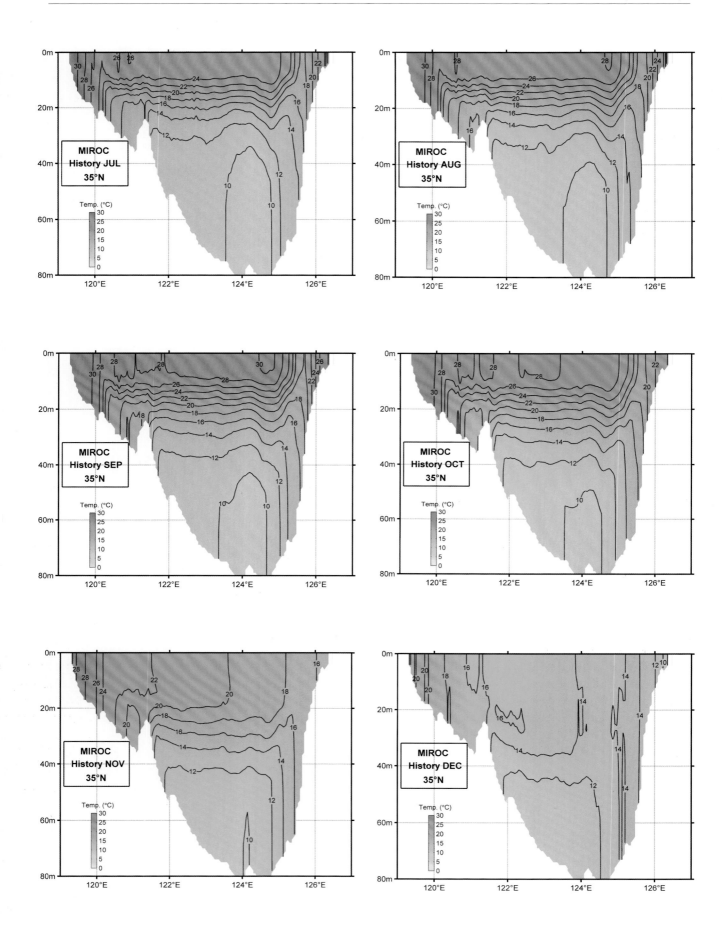

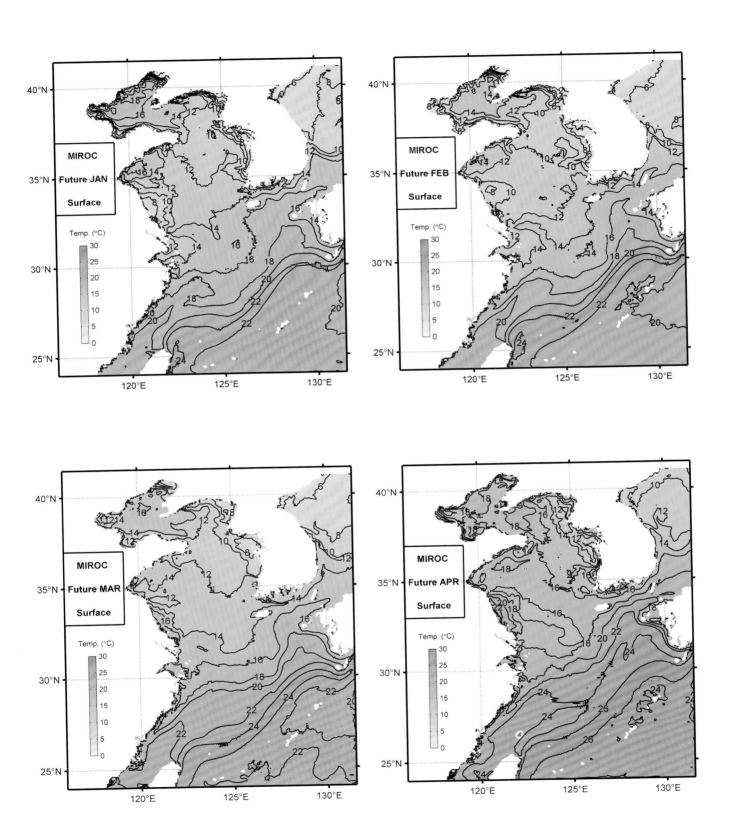

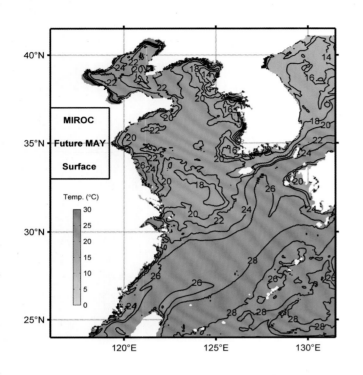

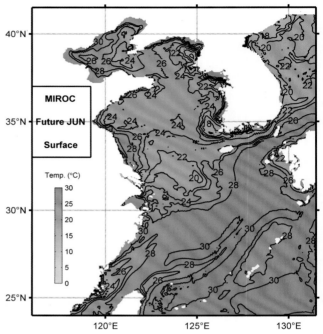

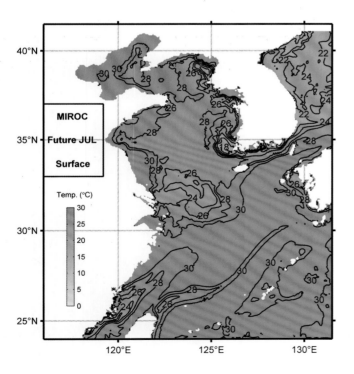

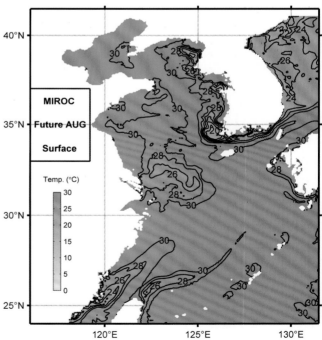

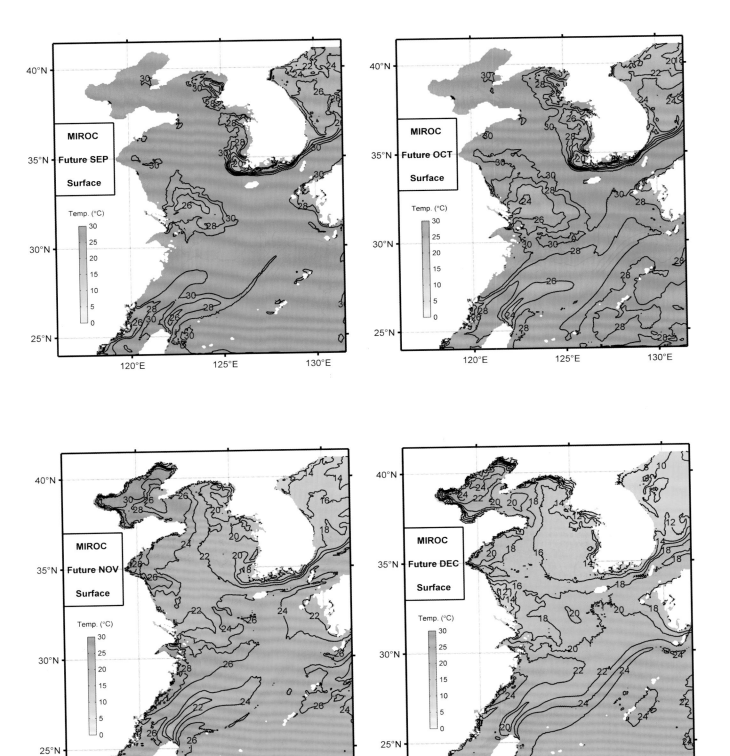

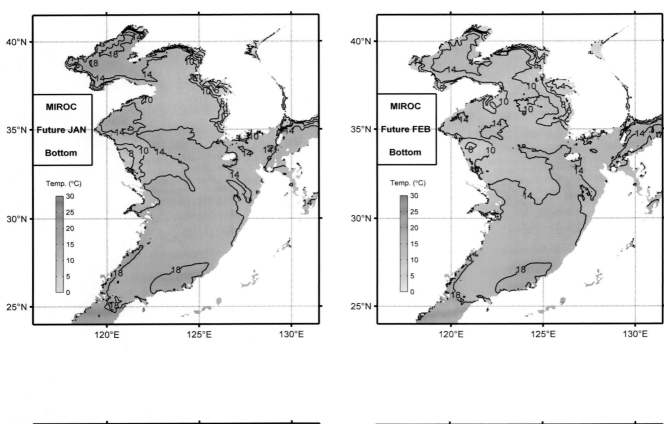

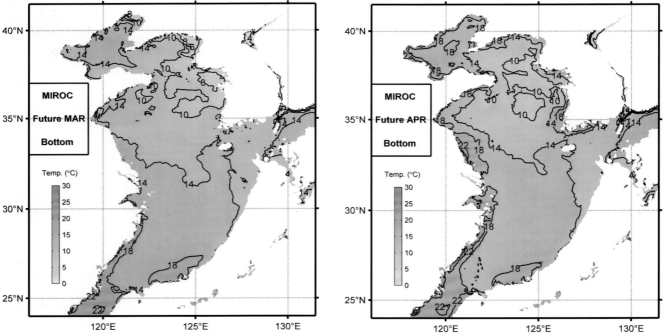

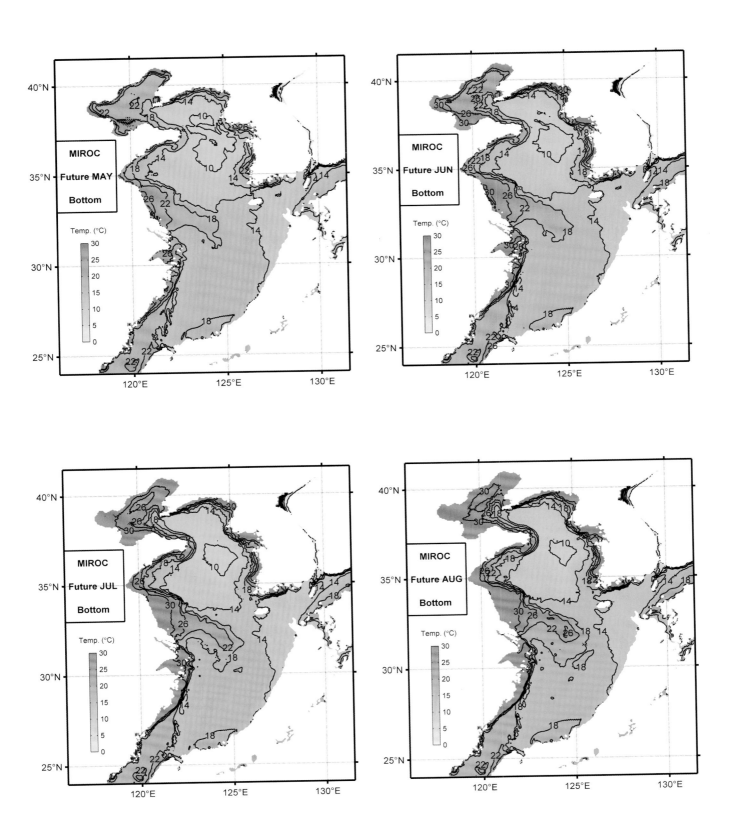

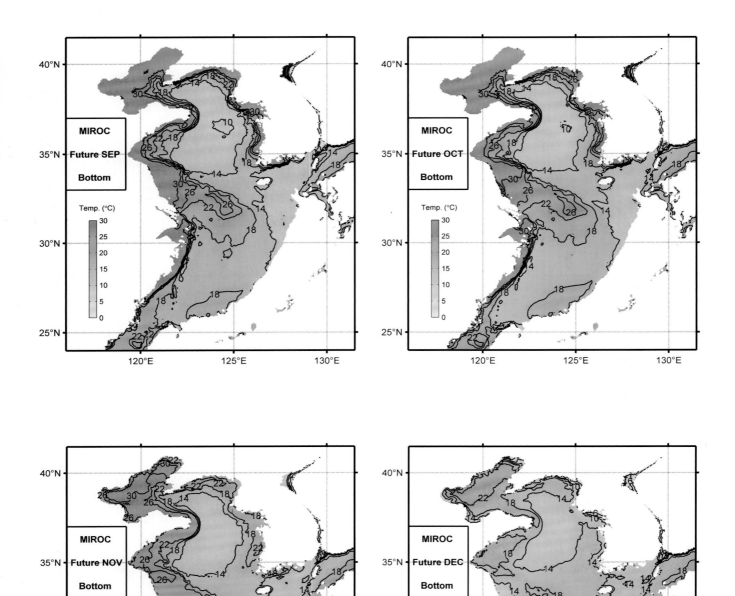

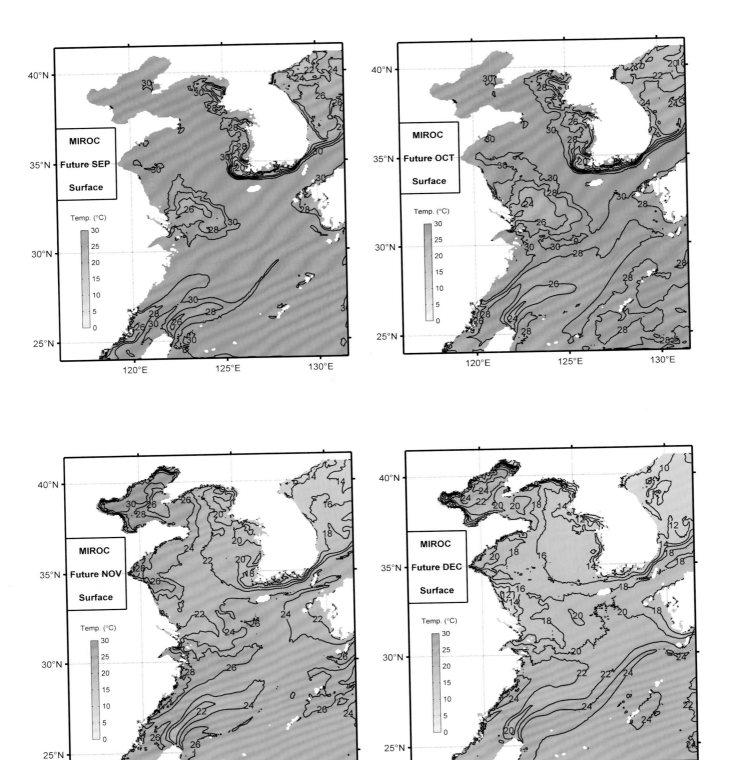

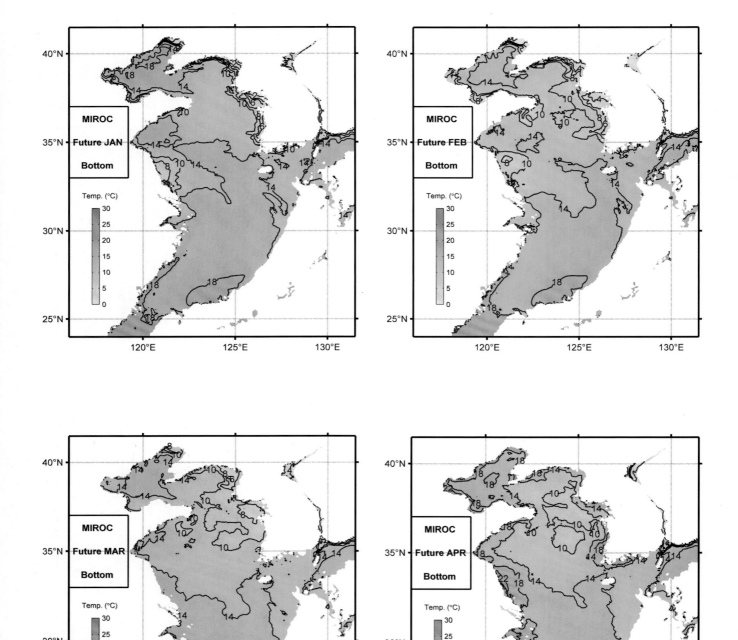

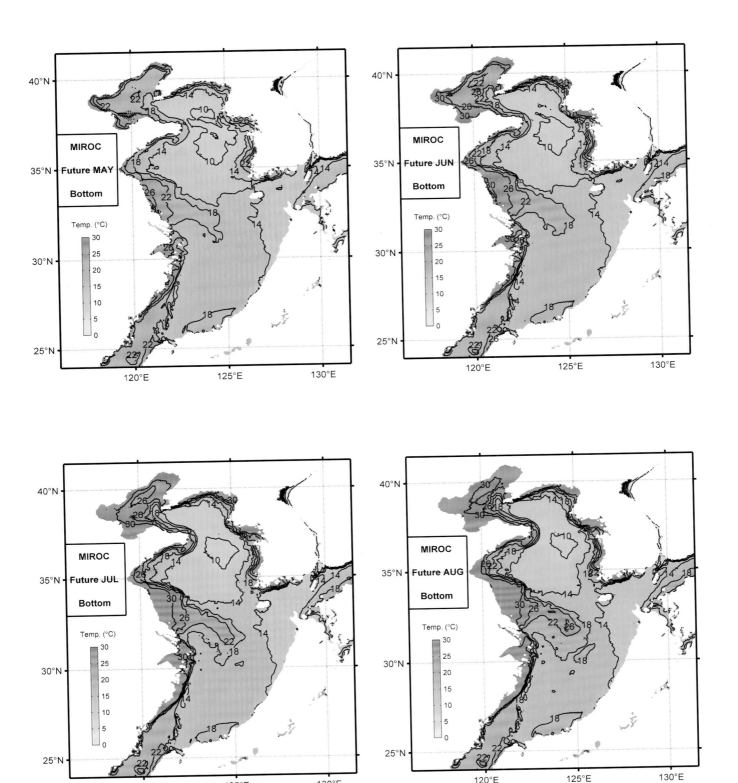

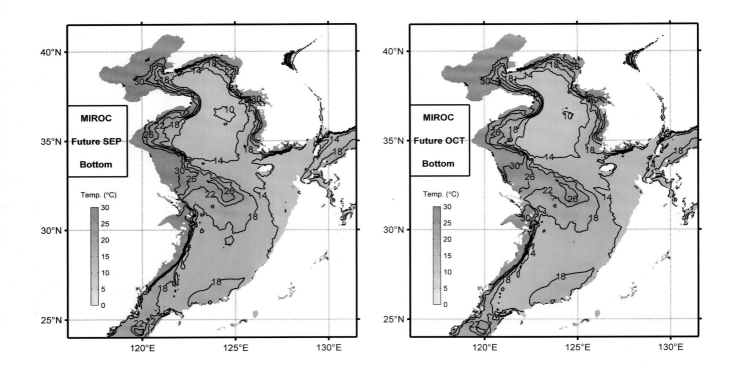

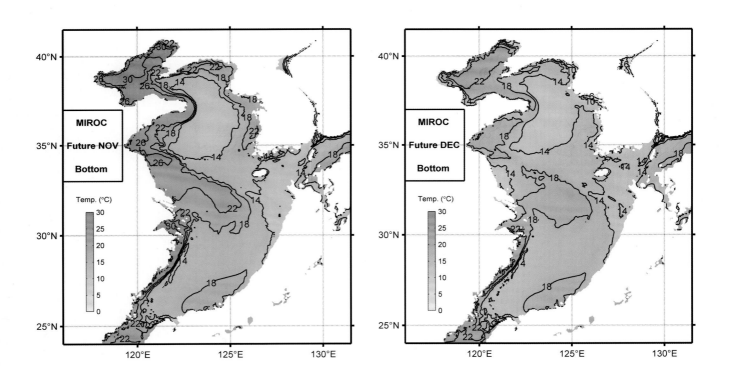

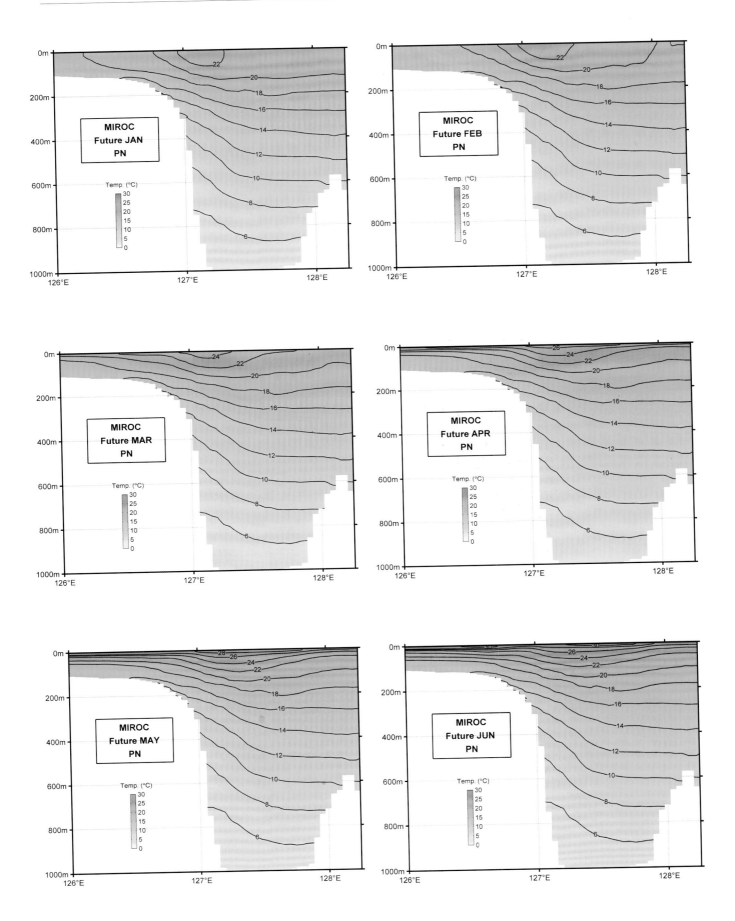

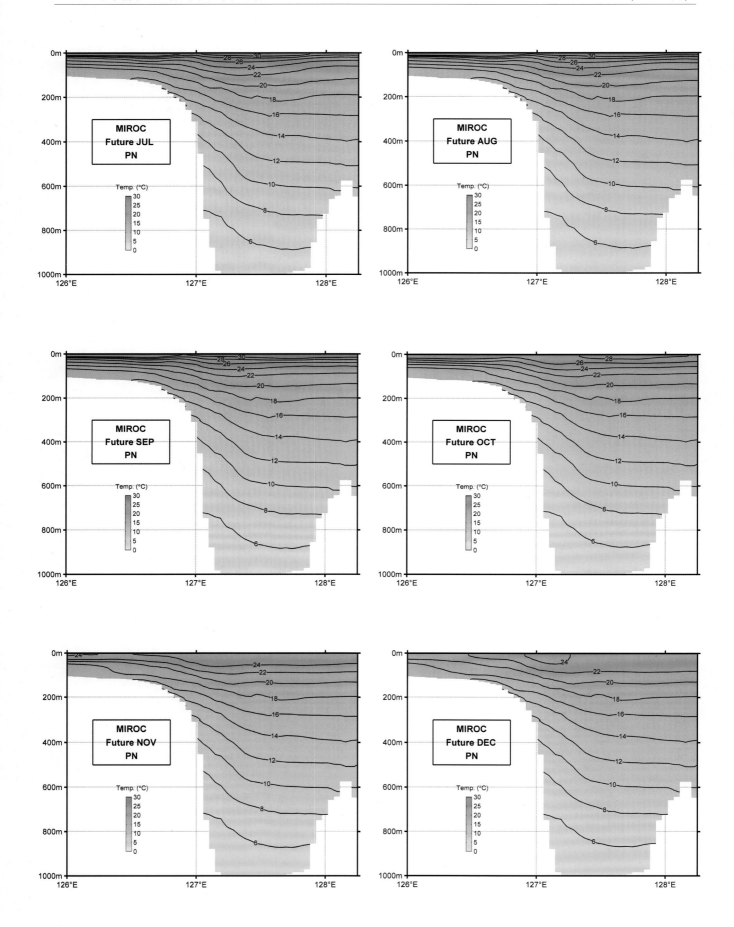

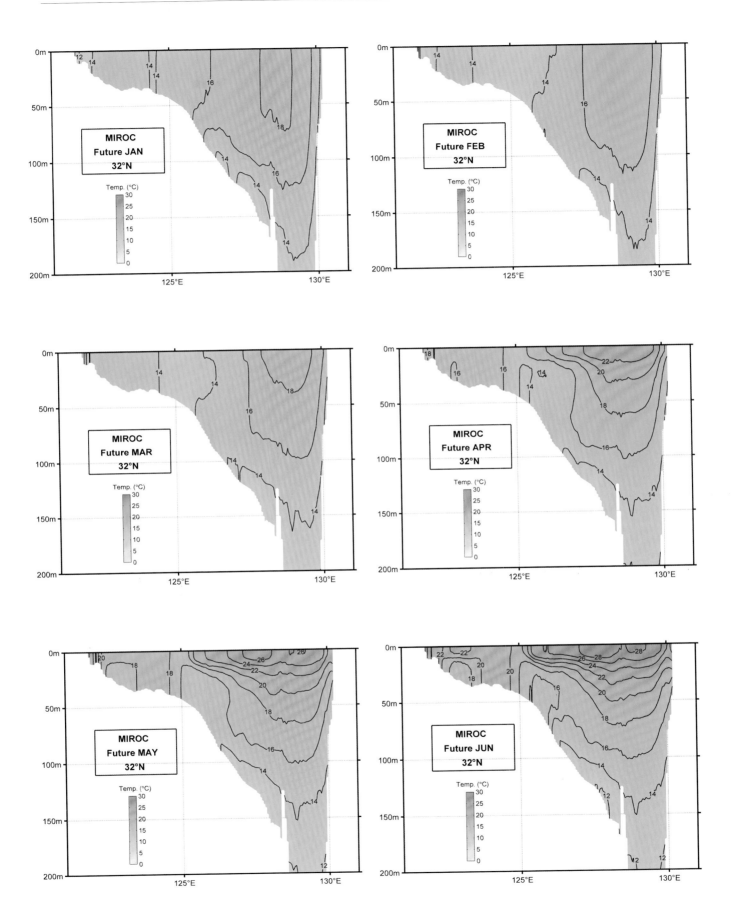

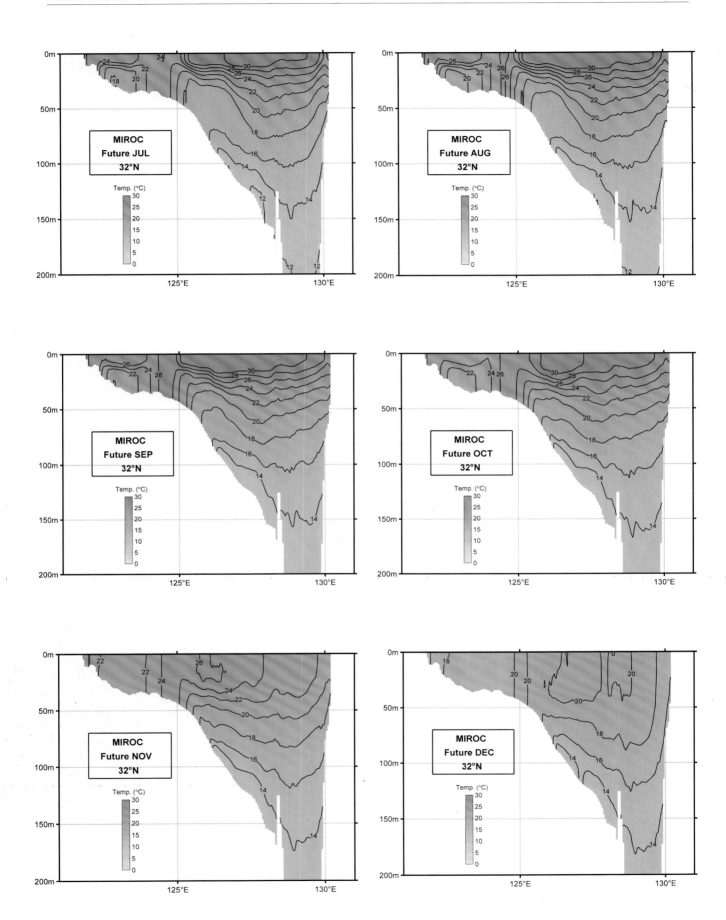

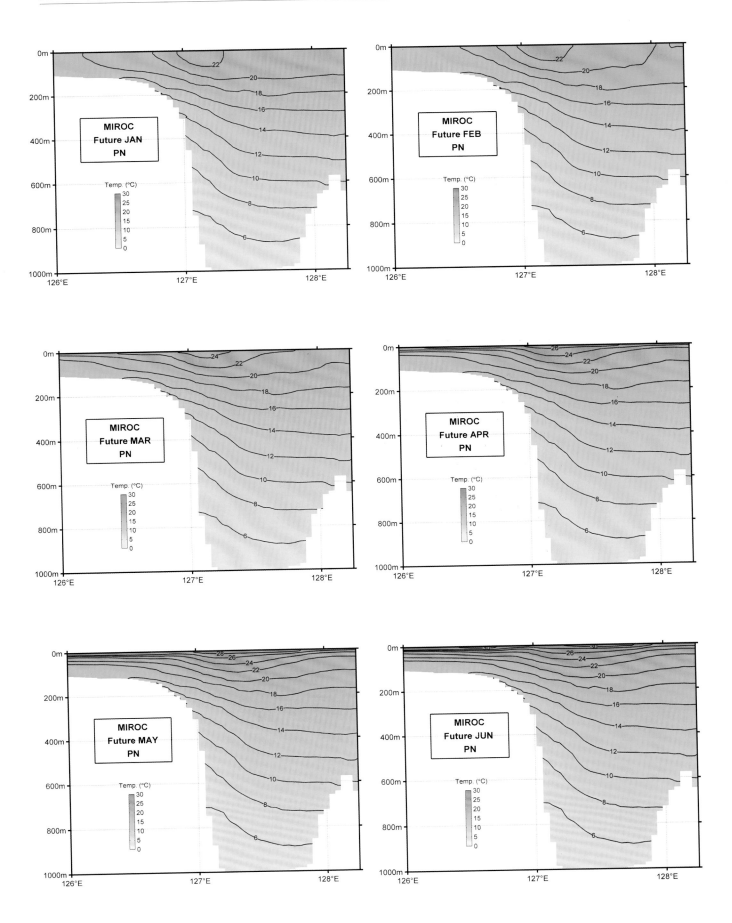

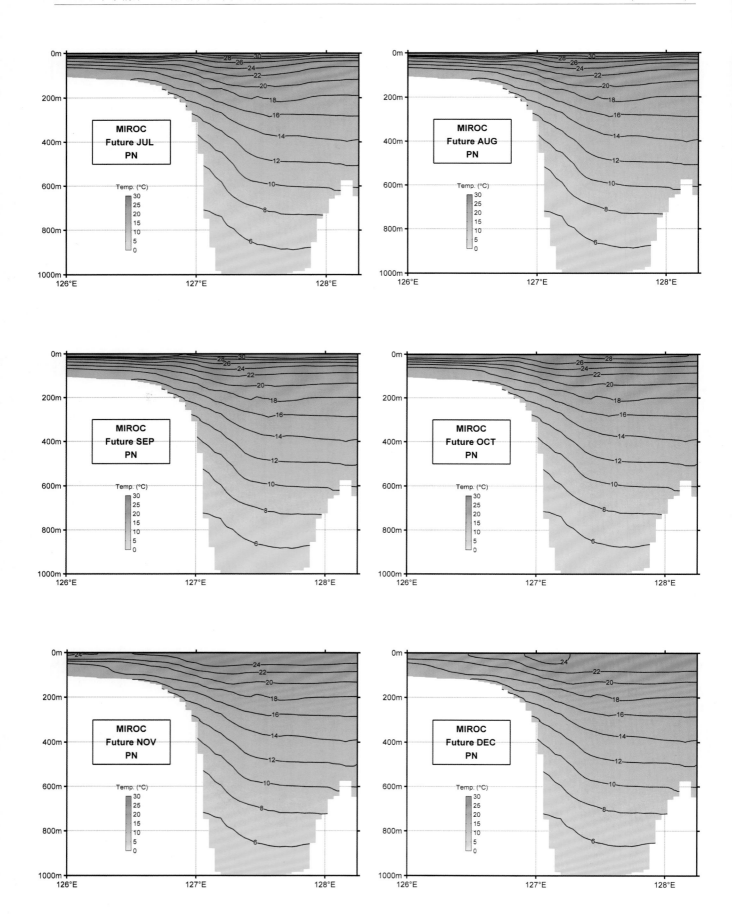

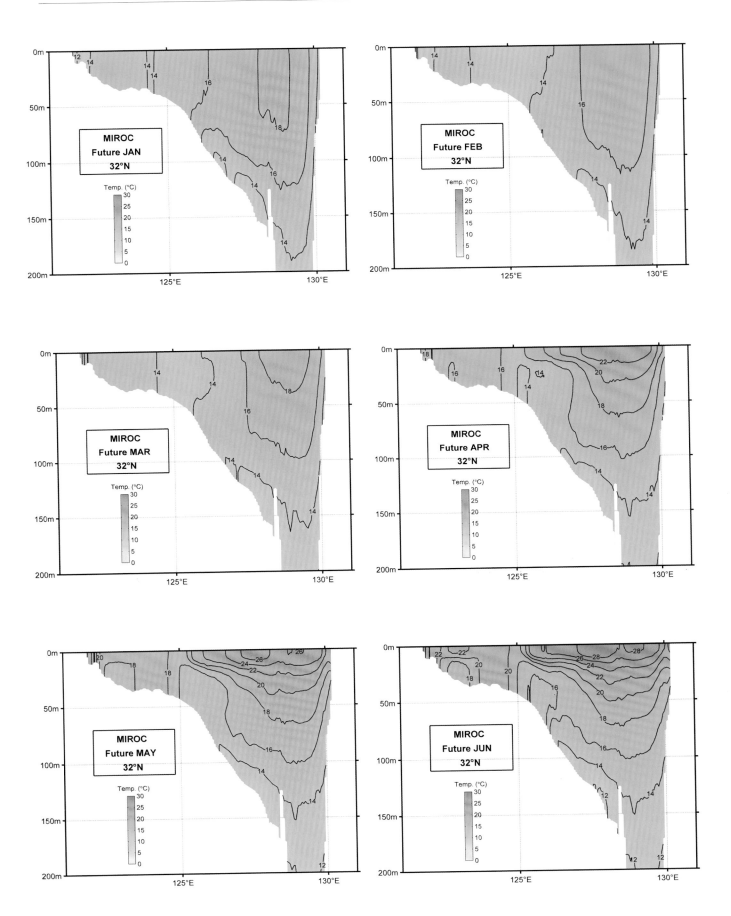

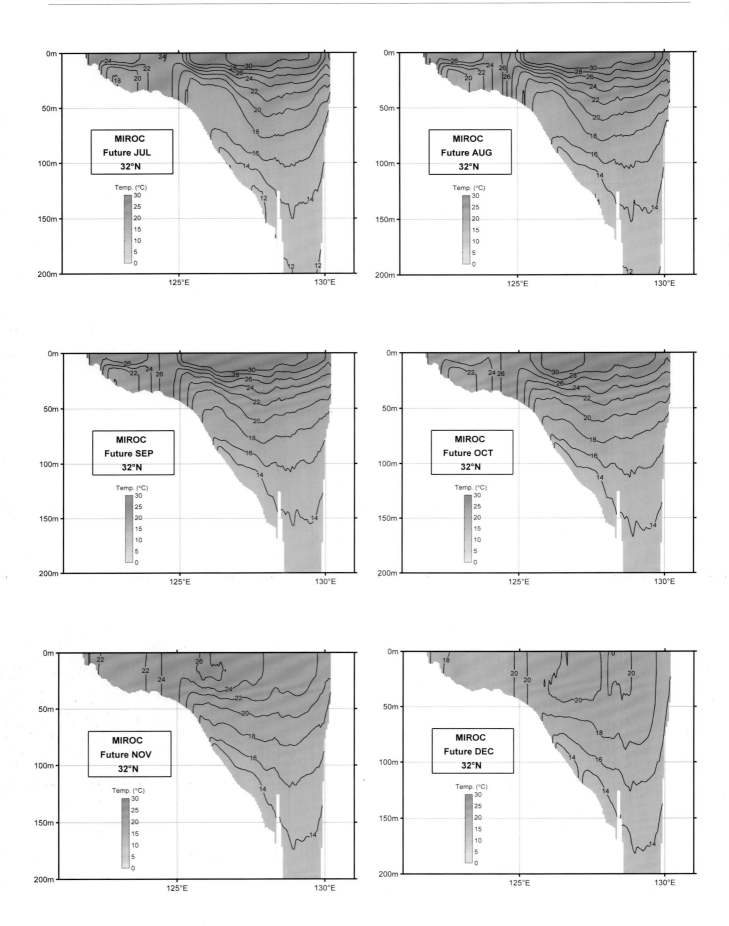

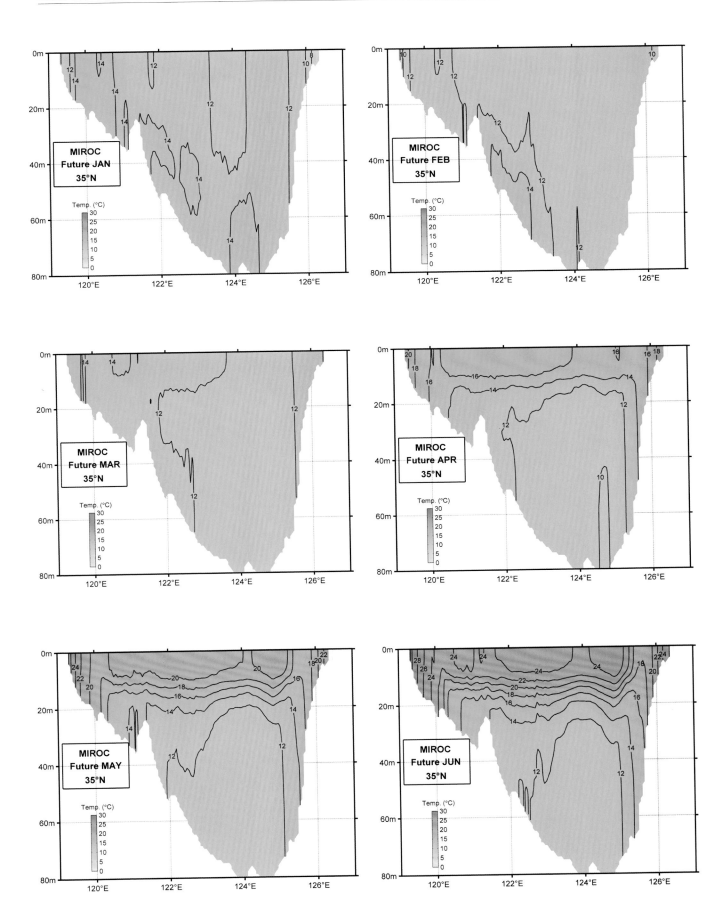

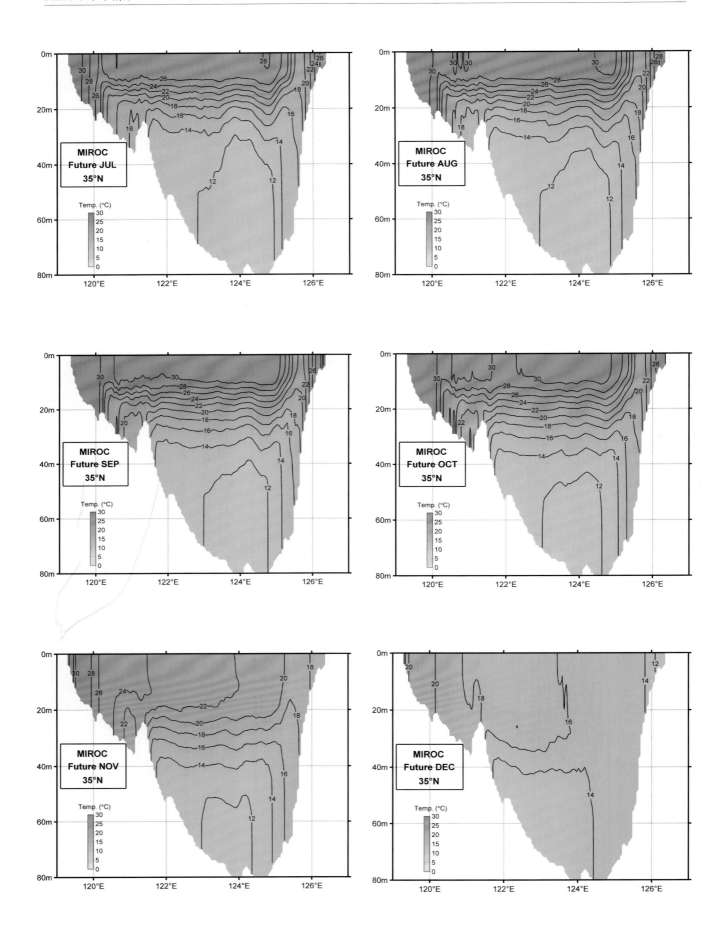

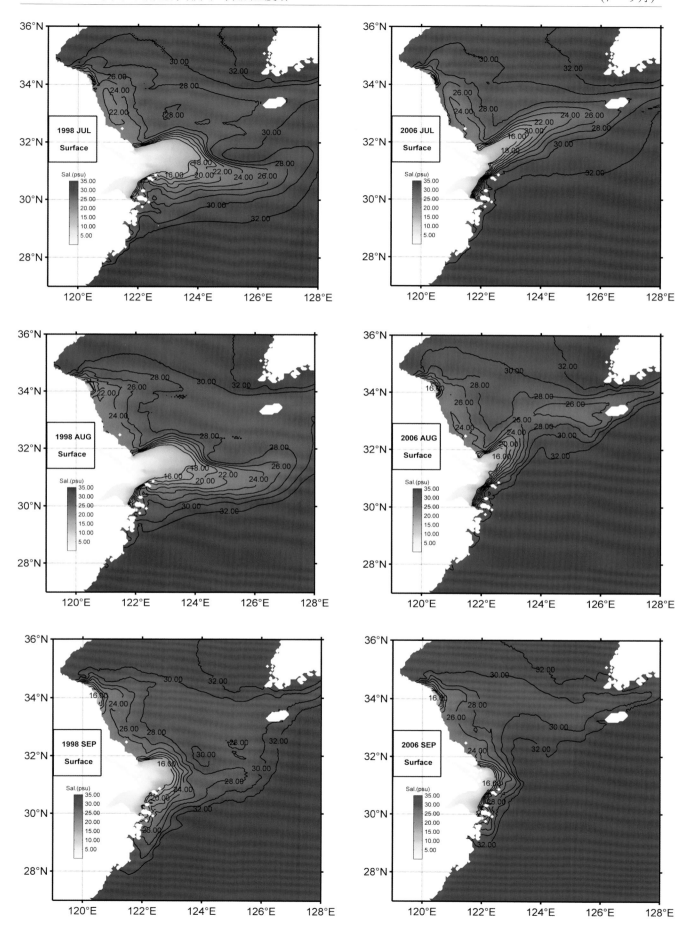

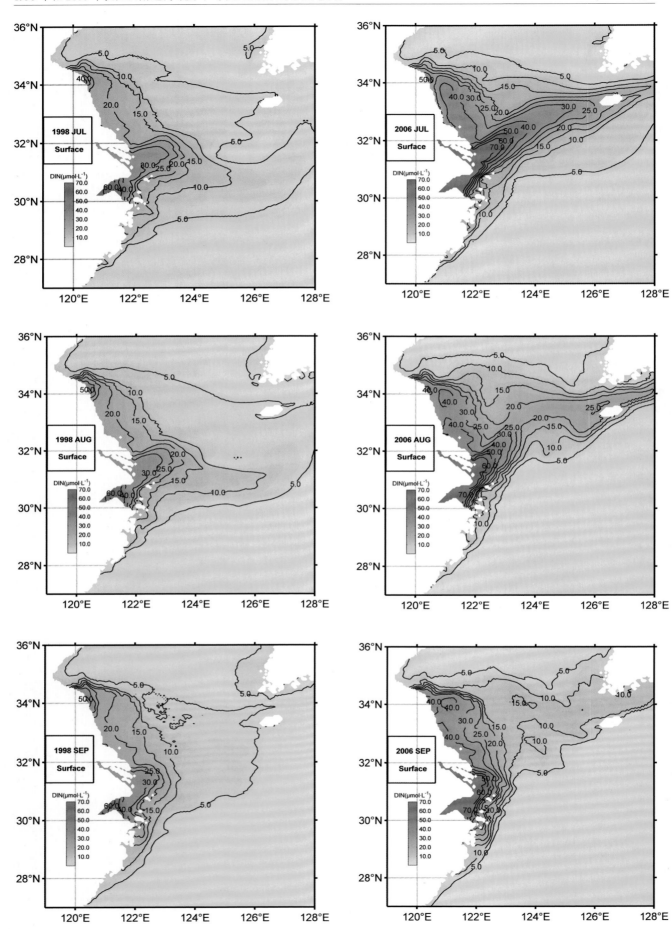

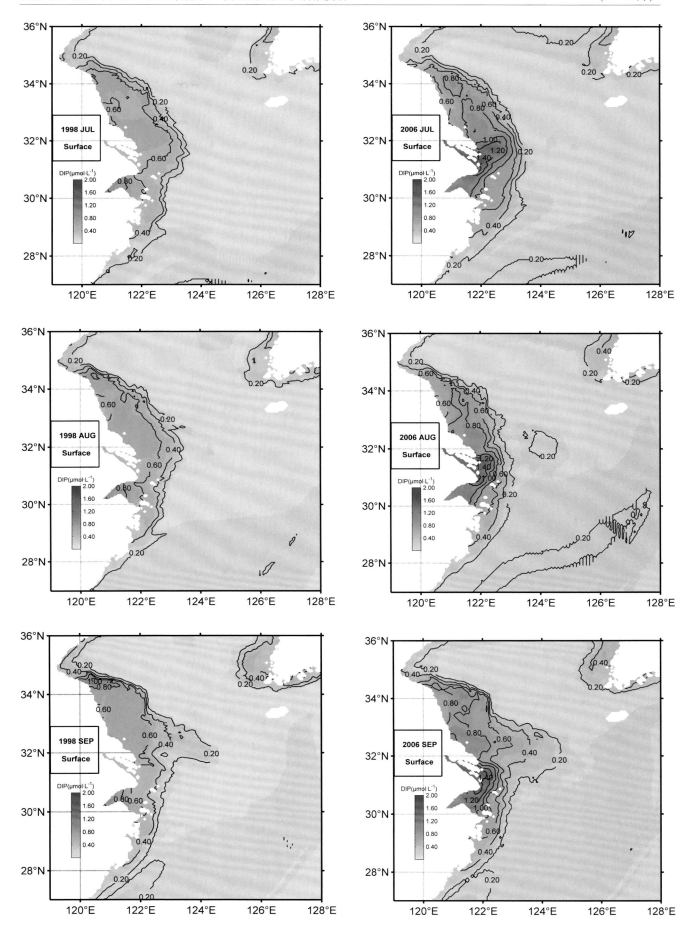

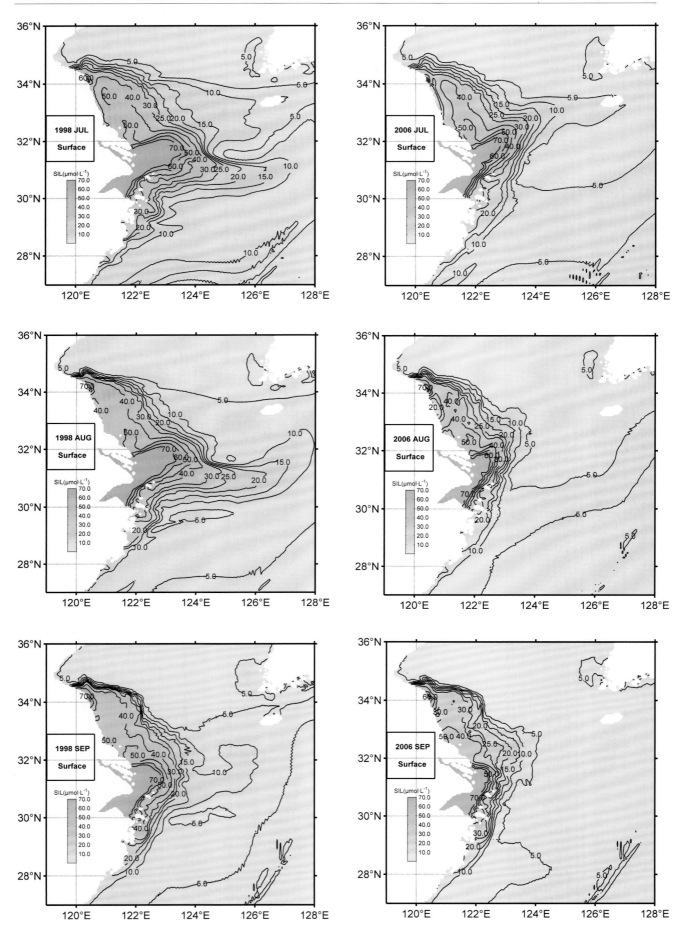

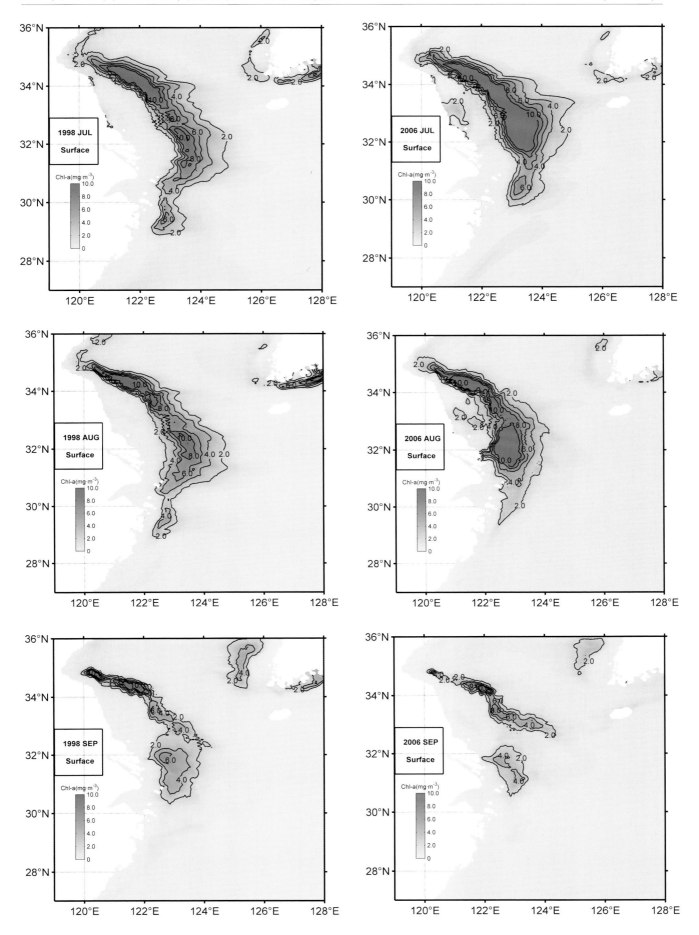

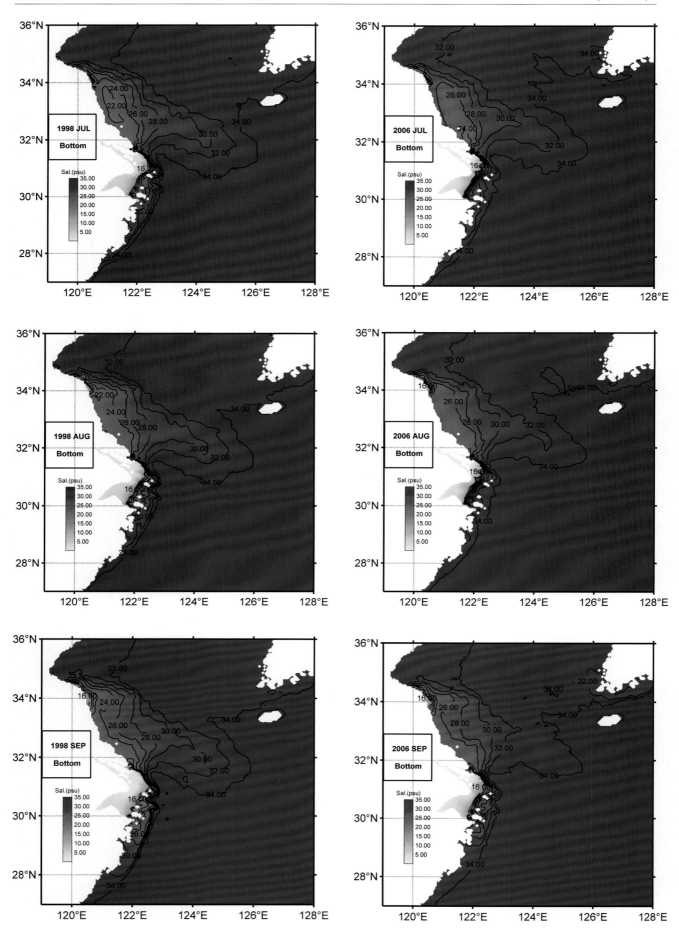

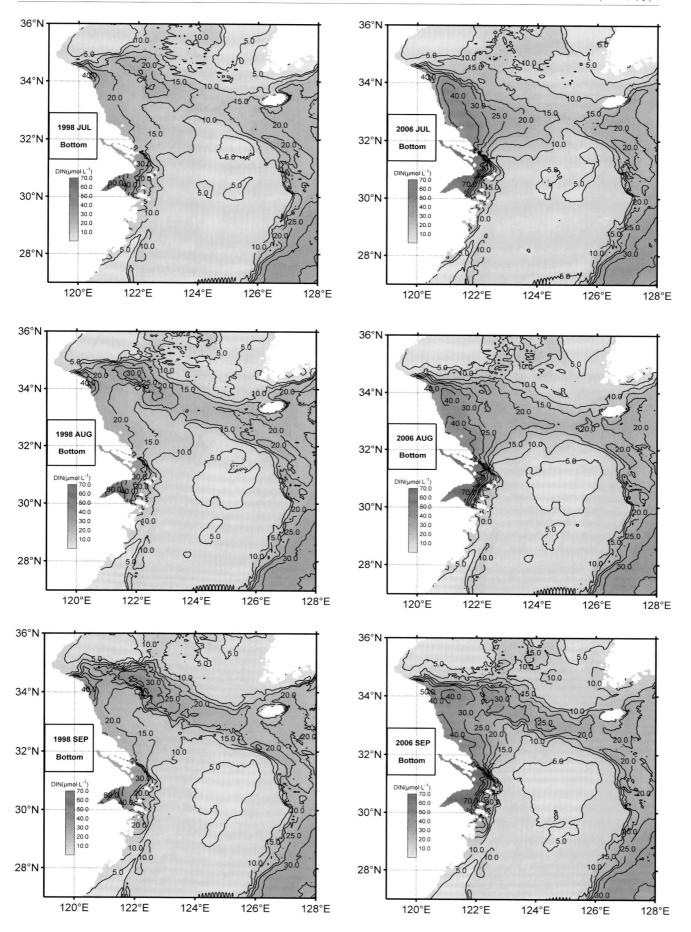

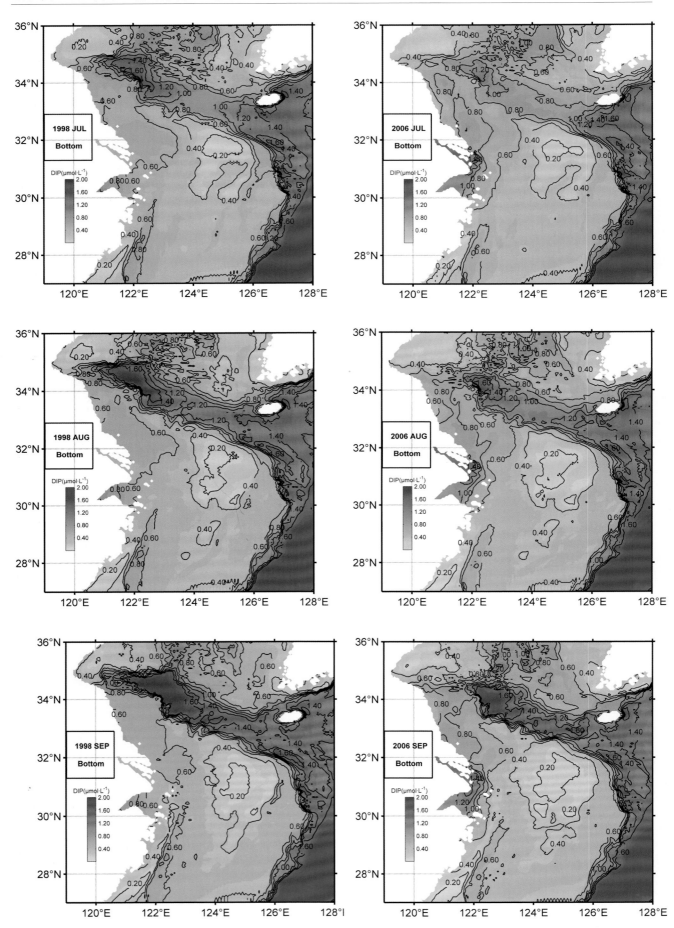

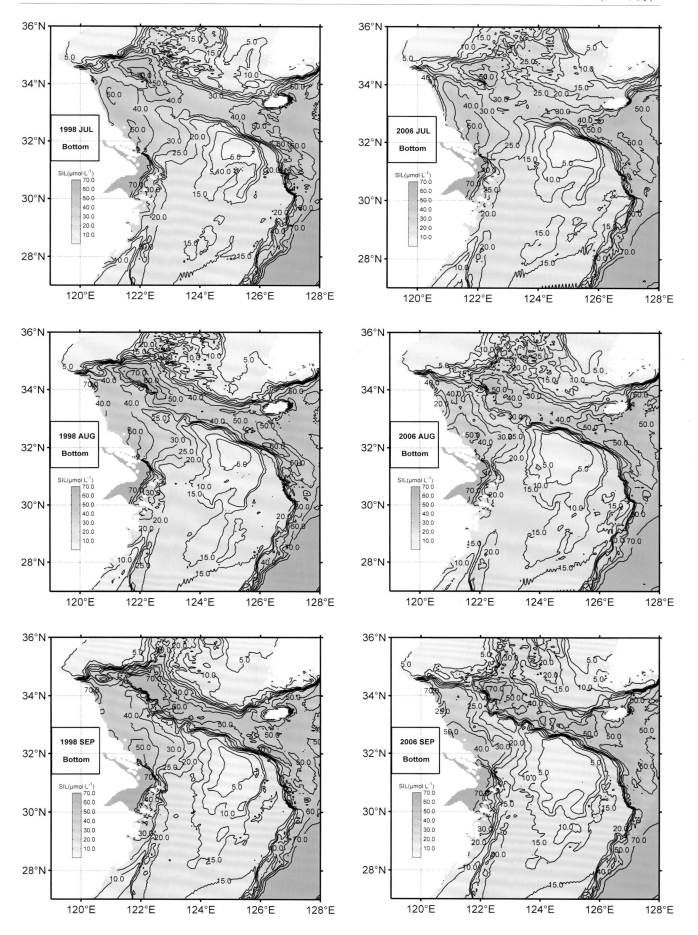

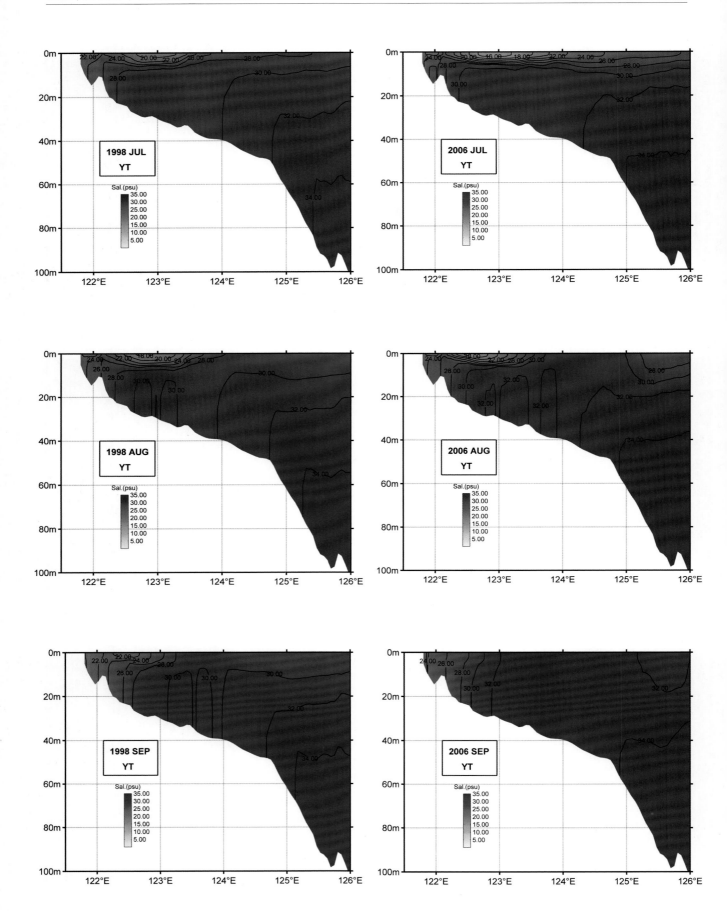

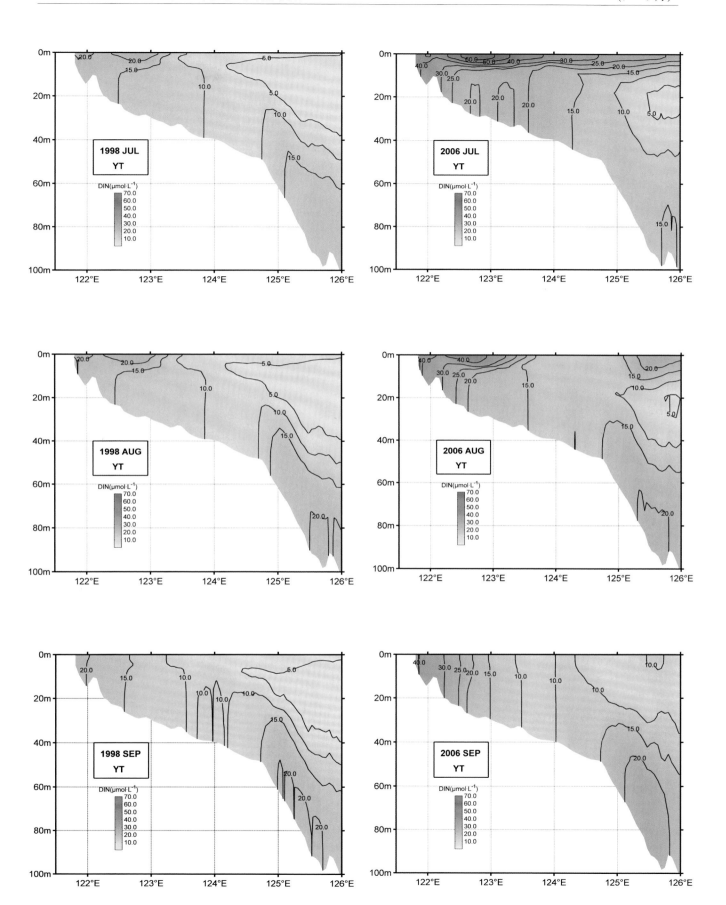

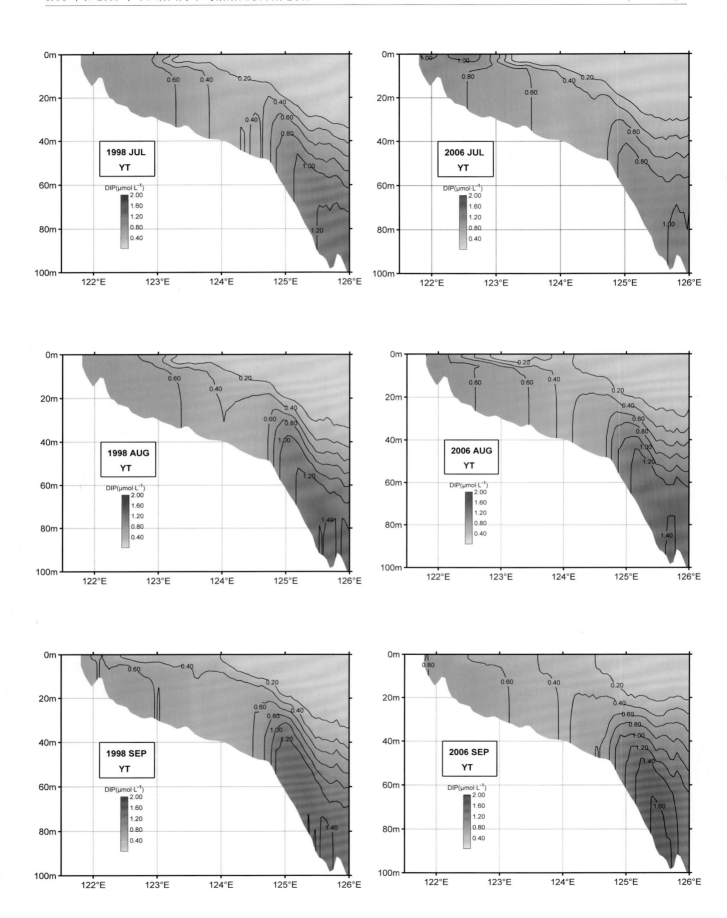

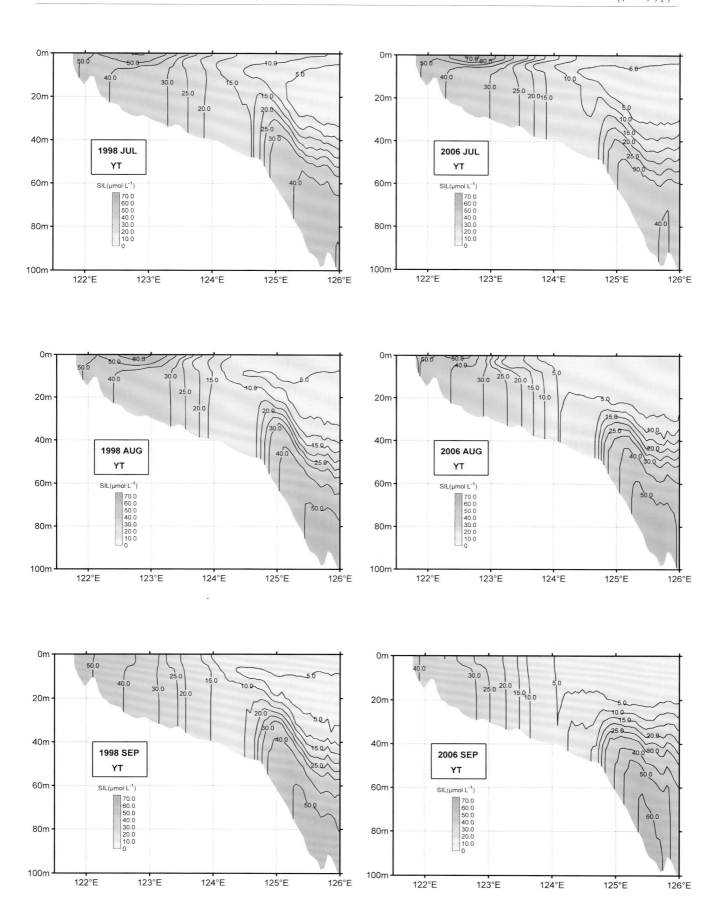

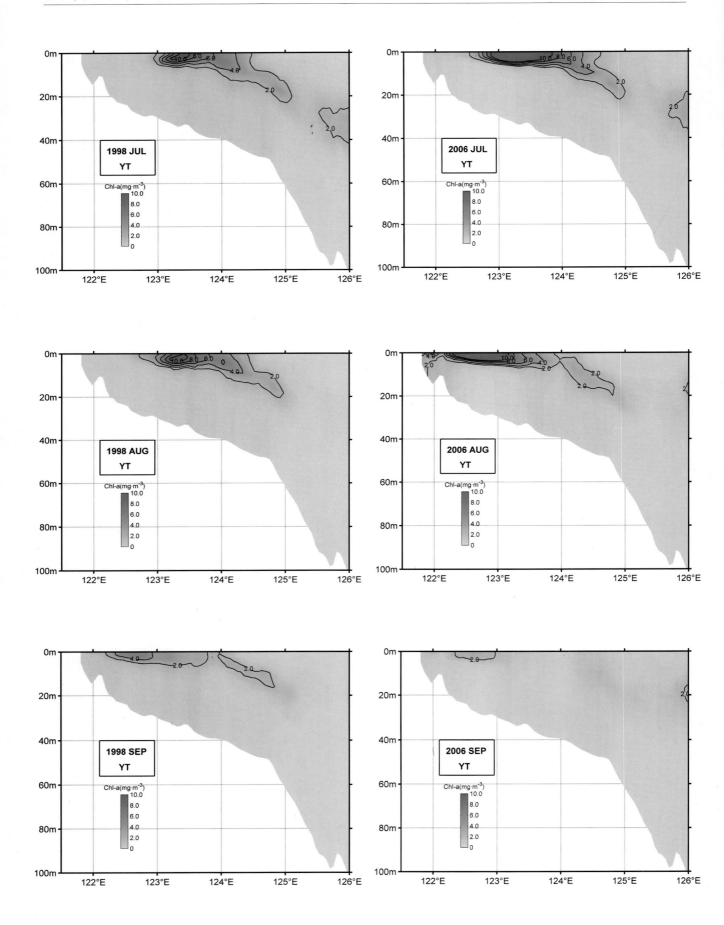